全国高等职业教育规划教材

关系数据库与SQL Server 2008
第2版

主　编　段利文　龚小勇

副主编　陈　竺　杨秀杰　罗　文

参　编　陈杏环　李　腾

机械工业出版社

本书借鉴了目前流行的认证考试教材编写的成功经验，强调理论知识以够用为度，以介绍数据库应用程序的开发技能为主线，全面、系统地介绍了关系数据库的基本原理和 SQL Server 2008 数据库应用系统的开发技术。全书共 12 章，包括：关系数据库的基本原理、SQL Server 2008 基础、数据库的创建与管理、数据表的创建与管理、数据查询、视图与索引、规则与默认值、T-SQL 编程、存储过程与触发器、SQL Server 2008 安全管理、SQL Server 2008 开发工具及 SQL Server 2008 综合应用实例。每章以类型丰富的习题和课外实践的形式配备了大量的来自工程实践领域的应用实例。

本书可作为高职高专院校计算机及相关专业的数据库技术教材，也可供 SQL Server 数据库应用系统开发人员使用。

本书配套授课电子课件和源代码，需要的教师可登录 www.cmpedu.com 免费注册、审核通过后下载，或联系编辑索取（QQ：1239258369，电话：010-88379739）。

图书在版编目（CIP）数据

关系数据库与 SQL Server 2008 / 段利文，龚小勇主编. —2 版. —北京：机械工业出版社，2013.4（2018.1 重印）
ISBN 978-7-111-41800-9

Ⅰ. ①关… Ⅱ. ①段…②龚… Ⅲ. ①关系数据库系统 Ⅳ. ①TP311.138

中国版本图书馆 CIP 数据核字（2013）第 048895 号

机械工业出版社（北京市百万庄大街 22 号 邮政编码 100037）
责任编辑：鹿 征
责任印制：李 洋
三河市国英印务有限公司印刷
2018 年 1 月第 2 版·第 5 次印刷
184mm×260mm·18.5 印张·459 千字
349 01—368 00 册
标准书号：ISBN 978-7-111-41800-9
定价：39.00 元

凡购本书，如有缺页、倒页、脱页，由本社发行部调换

电话服务	网络服务
服务咨询热线：010-88379833	机工官网：www.cmpbook.com
读者购书热线：010-88379649	机工官博：weibo.com/cmp1952
	教育服务网：www.cmpedu.com
封面无防伪标均为盗版	金 书 网：www.golden-book.com

全国高等职业教育规划教材计算机专业
编委会成员名单

出 版 说 明

根据《教育部关于以就业为导向深化高等职业教育改革的若干意见》中提出的高等职业院校必须把培养学生动手能力、实践能力和可持续发展能力放在突出的地位，促进学生技能的培养，以及教材内容要紧密结合生产实际，并注意及时跟踪先进技术的发展等指导精神，机械工业出版社组织全国近60所高等职业院校的骨干教师对在2001年出版的"面向21世纪高职高专系列教材"进行了全面的修订和增补，并更名为"全国高等职业教育规划教材"。

本系列教材是由高职高专计算机专业、电子技术专业和机电专业教材编委会分别会同各高职高专院校的一线骨干教师，针对相关专业的课程设置，融合教学中的实践经验，同时吸收高等职业教育改革的成果而编写完成的，具有"定位准确、注重能力、内容创新、结构合理和叙述通俗"的编写特色。在几年的教学实践中，本系列教材获得了较高的评价，并有多个品种被评为普通高等教育"十一五"国家级规划教材。在修订和增补过程中，除了保持原有特色外，针对课程的不同性质采取了不同的优化措施。其中，核心基础课的教材在保持扎实的理论基础的同时，增加实训和习题；实践性较强的课程强调理论与实训紧密结合；涉及实用技术的课程则在教材中引入了最新的知识、技术、工艺和方法。同时，根据实际教学的需要对部分课程进行了整合。

归纳起来，本系列教材具有以下特点：

1）围绕培养学生的职业技能这条主线来设计教材的结构、内容和形式。

2）合理安排基础知识和实践知识的比例。基础知识以"必需、够用"为度，强调专业技术应用能力的训练，适当增加实训环节。

3）符合高职学生的学习特点和认知规律。对基本理论和方法的论述要容易理解、清晰简洁，多用图表来表达信息；增加相关技术在生产中的应用实例，引导学生主动学习。

4）教材内容紧随技术和经济的发展而更新，及时将新知识、新技术、新工艺和新案例等引入教材。同时注重吸收最新的教学理念，并积极支持新专业的教材建设。

5）注重立体化教材建设。通过主教材、电子教案、配套素材光盘、实训指导和习题及解答等教学资源的有机结合，提高教学服务水平，为高素质技能型人才的培养创造良好的条件。

由于我国高等职业教育改革和发展的速度很快，加之我们的水平和经验有限，因此在教材的编写和出版过程中难免出现问题和错误。我们恳请使用这套教材的师生及时向我们反馈质量信息，以利于我们今后不断提高教材的出版质量，为广大师生提供更多、更适用的教材。

机械工业出版社

前　言

Microsoft SQL Server 2008 是基于客户/服务器模式的大型关系型数据库管理系统。它在 SQL Server 2005 的基础上扩展了其安全性、可靠性，为用户提供了一个可信任的、高效的、智能的数据平台，它通过集成的控制平台来管理数据分析服务、报表服务、通知服务，能够把关键的信息及时地传递到组织成员中，实现可伸缩的商务智能。因此，SQL Server 2008 数据库管理系统正被越来越多的用户使用，已成为企业级客户构建、管理、部署商业数据库的最佳选择方案之一。

本书内容

本书坚持理论知识以够用为度，有选择性地介绍关系数据库的基本原理。全书共 12 章，第 1 章讲述了关系数据库的基本原理，第 2 章介绍了 SQL Server 2008 的安装配置、实用工具等基础知识，第 3～9 章分别介绍了数据库的创建与管理、数据表的创建与管理、数据查询、视图与索引、规则与默认值、T-SQL 编程、存储过程与触发器等数据库应用系统开发技术，第 10 章介绍了 SQL Server 2008 安全管理，第 11 章介绍了 SQL Server 2008 的开发工具，第 12 章以基于 ASP.NET 环境的在线银行交易系统为例，给出了一个 SQL Server 2008 综合应用实例。

本书特色

（1）本着以"培养学生数据库应用系统的开发技能"为原则，全书以真实的数据库案例为主线，深入浅出地阐述了数据库管理技术的知识。

（2）本书编写中借鉴了目前流行的认证考试教材编写的成功经验，并融入了编者多年从事数据库教学和系统开发的心得体会，还汇集了一些新颖的方法和技巧，通过本书的学习，相信读者能够熟练掌握并灵活运用 SQL Server 2008 软件，初步具备开发有一定实用价值的数据库应用系统的能力。

（3）本书每章都配有大量来自工程实践领域的应用实例、类型丰富的习题和课外实践题目，可帮助读者阅读和理解书中的内容。

读者对象

本书可作为高职高专院校计算机及相关专业的数据库技术教材，也可供 SQL Server 数据库应用系统开发人员使用。

教学建议

本书适合采用理论与实践相结合的教学方法，建议教学时数为 68 学时，多媒体教室理论学习与机房上机实践各占 50%。成绩评价主要采用过程考核与综合考核相结合的方式，建议各占 50%。其中，过程考核主要包括课堂提问、课堂练习、课外作业、课外实践和出勤情况等环节的评价。综合考核主要以一个具体的案例从以下几个方面进行考核：设计和创建数据库、设计和创建数据表、维护数据完整性、检索数据、创建和应用存储过程、创建和应用触发器、创建登录名和数据库用户、分配角色和设置权限等。

课程资源

本书提供了与教学配套的电子教案、习题答案、教学课件 PPT、教学大纲及部分程序源代码，请读者到机械工业出版社网站www.cmpedu.com下载。

结束语

本书由重庆电子工程职业学院龚小勇负责组织策划，并编写了第 1、12 章，由段利文负责统稿和最后修订，并编写了第 3、4、5 章，陈竺编写了第 8、9 章，杨秀杰编写了第 6、7 章，罗文编写了第 2、10、11 章。陈杏环、李腾也参加了部分编写工作。

由于编者水平有限，书中难免存在错漏之处，敬请读者批评指正。

编　　者

目　录

IX

第1章 关系数据库原理

📖【学习目标】
- 了解数据、数据库、数据库管理系统的概念
- 掌握建立 E-R 概念模型的基本方法
- 掌握将 E-R 概念模型转化成关系数据模型的方法
- 掌握选择、投影和连接三种基本关系运算
- 掌握关系的完整性规则
- 了解关系的规范化

1.1 数据库系统的基本概念

数据库系统涉及许多基本概念，作为数据库系统的初学者，有必要从一些最基本的概念开始学习。这里先介绍一些学习数据库系统必需的一些最基本的概念。其他概念，将根据本书内容的需要，在相关章节中介绍。

1.1.1 数据、数据库、数据库管理系统、数据库系统

数据、数据库、数据库管理系统和数据库系统是与数据库技术密切相关的四个基本概念。

1. 数据（DATA）

数据是数据库中存储的基本对象。数据在大多数人头脑中的第一个反应就是数字。其实数字只是最简单的一种数据，是数据的一种传统和狭义的理解。广义的数据种类很多，如文字、图形、图像、声音、学生的档案记录和货物的运输情况等都是数据。

可以对数据做如下定义：描述事物的符号记录称为数据。描述事物的符号可以是数字，也可以是文字、图形、图像、声音和语言等。数据有多种表现形式，它们都可以经过数字化后存入计算机。

为了了解世界，交流信息，人们需要描述这些事物。在日常生活中可直接用自然语言（如汉语）来描述。在计算机中，为了存储和处理这些事物，就要选择出对这些事物感兴趣的特征，将其组成一个记录来描述。例如：在学生档案中，人们最感兴趣的是学生的姓名、性别、年龄、出生年月、籍贯、所在系别和入学时间，所以可以这样描述：

（李明，男，17，1995，江苏，计算机系，2012）

因此这里的学生记录就是数据。对于上面这条学生记录，了解其含义的人会得到如下信息：李明是个大学生，1990 年出生，男，江苏人，2012 年考入计算机系；而不了解其语义的人则无法理解其含义。可见，数据的形式还不能完全表达其内容，需要经过解释。所以数据和关于数据的解释是不可分的，数据的解释是指对数据含义的说明，数据的含义称为数据的语义，数据与其语义是不可分的。

2. 数据库（Data Base，DB）

顾名思义，数据库就是存放数据的仓库。只不过这个仓库是在计算机存储设备里，而且数据是按一定的格式存放的。

在科学技术飞速发展的今天，人们的视野越来越广，数据量急剧增加。过去人们把数据存放在文件柜里，现在人们借助计算机的数据库技术科学地保存和管理大量复杂的数据，以便能方便而充分地利用这些宝贵的信息资源。

所谓数据库是长期存储在计算机内、有组织的和可共享的数据集合。数据库中的数据按一定的数据模型组织、描述和存储，具有较小的冗余度、较高的数据独立性和易扩展性，并可为各种用户共享。

3. 数据库管理系统（Data Base Management System，DBMS）

既然数据库能存放数据，人们自然就会提问：数据库是如何科学地组织和存储数据的，如何高效地获取和维护数据的呢？为此，人们开发了一个称为数据库管理系统的软件。

数据库管理系统是位于用户与操作系统之间的一层数据管理软件。它的主要功能包括以下几个方面：

（1）数据定义功能。DBMS 提供数据定义语言（Data Definition Language，DDL），用户通过它可以方便地对数据库中的数据对象进行定义。

（2）数据操纵功能。DBMS 还提供数据操纵语言（Data Manipulation Language，DML），用户可以使用 DML 操纵数据实现对数据库的基本操作，如查询、插入、删除和修改等。

（3）数据库的运行管理。数据库在建立、运用和维护时由数据库管理系统统一管理、统一控制，以保证数据的安全性、完整性、多用户对数据的并发使用及发生故障后的系统恢复。

（4）数据库的建立和维护功能。它包括数据库初始数据的输入、转换功能，数据库的转储、恢复功能，数据库的重组织功能和性能监视、分析功能等。这些功能通常是由一些实用程序完成的。

数据库管理系统是数据库系统的重要组成部分。

4. 数据库系统（Data Base System，DBS）

数据库系统是指在计算机系统中引入数据库后的系统构成，一般由数据库、数据库管理系统（及开发工具）、应用系统、数据库管理员和用户构成。应当指出的是，数据库的建立、使用和维护等工作只靠一个 DBMS 远远不够，还要有专门的人员来完成，这些人被称为数据库管理员（Data Base Administrator，DBA）。

在不引起混淆的情况下常常把数据库系统简称为数据库。

数据库系统可以用如图 1-1 所示的结构来表示。

图 1-1　数据库系统层次示意图

1.1.2 数据库系统的特点

与人工管理和文件系统相比，数据库系统主要有以下多方面的特点。

1. 数据结构化

数据结构化是数据库与文件系统的根本区别。

在文件系统中，相互独立的文件的记录内部是有结构的。传统文件的最简单形式是等长同格式的记录集合。例如：一个学生人事记录文件，每个记录都有如表 1-1 所示的记录格式：

表 1-1 学生人事记录

学号	姓名	性别	系别	年龄	政治面貌	家庭成员	奖惩情况

在文件系统中，尽管记录内部已有了某些结构，但记录之间没有联系。

数据库的主要特征之一就是实现整体数据的结构化，这也是数据库系统与文件系统的本质区别。

在数据库系统中，数据不再针对某一应用，而是面向全组织，具有整体的结构化。不仅数据是结构化的，而且存取数据的方式也很灵活，可以存取数据库中的某一个数据项、一组数据项、一个记录或一组记录。而在文件系统中，数据的最小存取单位是记录。

2. 数据的共享性高，冗余度低，易扩充

数据库系统从整体角度描述数据，数据不再面向某个应用而是面向整个系统，因此数据可以被多个用户、多个应用共享使用。数据共享可以大大减少数据冗余，节约存储空间。数据共享还能够避免数据之间的不相容性与不一致性。

所谓数据的不一致性，是指同一数据的不同拷贝的值是不一样的。采用人工管理或文件系统管理时，由于数据被重复存储，在不同的应用和修改不同的拷贝时，就很容易造成数据的不一致。在数据库中数据共享，减少了由于数据冗余造成的不一致现象。

由于数据面向整个系统，是有结构的数据，不仅可以被多个应用共享使用，而且容易增加新的应用，这就使得数据库系统弹性大，易于扩充，可以适应各种用户要求，也可以取整体数据的各种子集应用于不同的系统。当应用需求改变或增加时，只要重新选取不同的子集或加上一部分数据便可以满足新的需求。

3. 数据独立性高

数据独立性是数据库领域中的一个常用术语，包括数据的物理独立性和数据的逻辑独立性。

物理独立性是指用户的应用程序与存储在磁盘上的数据库中的数据是相互独立的。也就是说，数据在磁盘上的存储是由 DBMS 管理的，用户程序不需要了解，应用程序要处理的只是数据的逻辑结构。这样当数据的物理存储改变时，应用程序不用改变。

逻辑独立性是指用户的应用程序与数据库的逻辑结构是相互独立的，也就是说，数据的逻辑结构改变了，用户程序也可以不变。

数据与程序的独立性，是把数据的定义从程序中分离出去，加上数据的存取又由 DBMS 负责，从而简化了应用程序的编制，大大减少了应用程序的维护和修改。

4. 数据由 DBMS 统一管理和控制

数据库的共享是并发的共享，即多个用户可以同时存取数据库中的数据，甚至可以同时存取数据库中同一数据。

为此，DBMS 还必须提供以下几方面的数据控制功能：

（1）数据的安全性（Security）保护。数据的安全性是指保护数据以防止不合法的使用造成的数据的泄密和破坏。这就要每个用户只能按规定，对某些数据以某些方式进行使用和处理。

（2）数据的完整性（Integrity）检查。数据的完整性指数据的正确性、有效性和相容性。完整性检查将数据控制在有效的范围内，或保证数据之间满足一定的关系。

（3）并发（Concurrency）控制。当多个用户的并发进程同时存取、修改数据库时，可能会发生相互干扰而得到错误的结果或使得数据库的完整性遭到破坏，因此必须对多用户的并发操作加以控制和协调。

（4）数据库恢复（Recovery）。计算机系统的硬件故障、软件故障、操作员的失误以及故意的破坏也会影响数据库中数据的正确性，甚至会造成数据库的部分或全部数据丢失。DBMS 必须具有将数据库从错误状态恢复到某一已知的正确状态（也称为完整状态或一致状态）的功能，这就是数据库的恢复功能。

数据库管理阶段应用程序与数据库之间的对应关系可用图 1-2 表示。

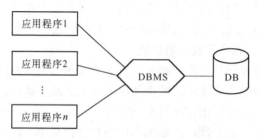

图 1-2　应用程序与数据库之间的关系

数据库是长期存储在计算机内有组织的、大量的和共享的数据集合。它可以供各种用户共享，具有最小冗余度和较高的数据独立性。DBMS 在数据库建立、运用和维护时对数据库进行统一控制，以保证数据的完整性、安全性，并在多用户同时使用数据库时进行并发控制，在发生故障后对系统进行恢复。

数据库系统的出现，使信息系统从以加工数据的程序为中心转向以围绕共享的数据库为中心的新阶段。这样既便于数据的集中管理，又有利于应用程序的研制和维护，提高了数据的利用率和相容性，提高了决策的可靠性。

目前，数据库已经成为现代信息系统不可分离的重要组成部分，已经普遍存在于科学技术、工业、农业、商业、服务业和政府部门的信息系统。

1.2　E-R 概念模型

模型，是对现实世界中某种事物特征的模拟和抽象。具体的实物模型，人们并不陌生，例如，一张地图，一组建筑设计沙盘，一架精致的航模飞机。而数据模型，是对现实世界中数据特征的抽象，是对客观事物及其联系的数据描述，是对现实世界的模拟。在数据库中用数据模型来抽象、表示和处理现实世界中的数据和信息。

数据模型主要可分为三种类型：概念模型、逻辑模型和物理模型。概念模型是按用户的观点来对数据和信息建模，主要用于数据库设计；逻辑模型是按计算机系统的观点对数据建模，主要用于 DBMS 的实现；物理模型是对数据最底层的抽象，它描述数据在磁盘上的存储方式和存取方法。

要将现实世界中的事物的特征转变为机器能够识别的形式，必须经过两次抽象，即使用某种概念模型为客观事物建立概念级的模型，将现实世界中事物的特征抽象为信息世界的数据，然后再把概念模型转变为计算机上某一 DBMS 支持的逻辑模型，如图 1-3 所示。

图 1-3　数据的转换

概念模型用于信息世界的建模，是现实世界到信息世界的第一层抽象，是数据库设计人员进行数据库设计的有力工具，也是数据库设计人员和用户之间进行交流的语言，因此概念模型一方面应该具有较强的语义表达能力，能够方便、直接地表达应用中的各种语义知识，另一方面它还应该简单、清晰、用户易于理解。

概念模型的表示方法很多，其中最为著名、最为常用的是 P.P.S.Chen 于 1976 年提出的实体-联系方法（Entity-Relationship Approach）。该方法用 E-R 图来描述现实世界中事物的概念模型，E-R 方法也称为 E-R 概念模型。下面介绍 E-R 概念模型中涉及的主要概念以及 E-R 图的绘制方法。

1.2.1　实体

客观存在并可以相互区分的事物叫实体（Entity）。从具体的人、物和事件到抽象的状态与概念，都可以用实体抽象地表示。例如，在学校里，一个学生、一个教师和一门课程都可称为实体。同类的多个实体可以构成实体集，如多个学生实体可构成学生实体集。在不引起混淆的情况下，本书有时用实体来表示实体集的概念。

1.2.2　属性

属性（Attribute）是实体所具有的某些特性，通过属性对实体进行刻画。实体是由属性组成的。一个实体本身具有许多属性，能够唯一标识实体的属性称为该实体的键，例如，学号是学生实体的键，每个学生都有一个属于自己的学号，通过学号可以唯一确定是哪位学生，在一个学校里，不可能有两个学生具有相同的学号。实体由哪些属性组成取决于人们所关心的内容，例如，高校学生实体可由学号、姓名、年龄、性别、系和专业等组成。2012130143、马力华、19、男、计算机系和信息安全，这些属性组合起来表示了马力华这个学生的属性。

1.2.3　联系

现实世界的事物之间是有联系（Relationship）的。这些联系必然要在信息世界中加以反映。例如，教师实体与学生实体之间存在着教和学的联系。实体之间的联系可分为以下三类：

1．一对一联系（1：1）

设有两个实体集 A 和 B。如果 A 中至多有一个实体与 B 中的一个实体有联系，而且 B 中至多有一个实体与 A 中的一个实体有联系，则称 A 和 B 之间存在一对一联系，记为 1：1。例如，看电影时，观众和座位之间就是一对一的联系，因为一个人只能坐一个座位，一个座位只能由一个人来坐。

2. 一对多联系（1∶n）

设有两个实体集 A 和 B。如果 A 中的一个实体与 B 中的若干实体有联系，但 B 中每个实体只与 A 中的一个实体相联系，则称 A 和 B 之间存在一对多联系，记为 1∶n。例如，班级与学生之间是一对多联系，因为一个班中可以有若干学生，但一个学生只能属于一个班。

3. 多对多联系（m∶n）

设有两个实体集 A 和 B。如果 A 中的一个实体与 B 中的若干实体相联系，而且 B 中每个实体也与 A 中的多个实体相联系，则称 A 和 B 之间存在多对多联系，记为 m∶n。例如，学生与课程之间是多对多联系，因为一个学生可以选修若干课程，一门课程可以被若干学生选修。

【课堂练习 1】 判断下列实体间的联系类型。
（1）班级与班长（正）（2）班级与班委 （3）班级与学生 （4）供应商和商品
（5）商店和顾客 （6）工厂和产品 （7）出版社和作者 （8）商品和超市

1.2.4 E-R 图的绘制

实体联系图（E-R 图）是抽象描述现实世界的有力工具。它通过画图将实体以及实体间的联系刻画出来，为客观事物建立概念模型。下面以某学校计算机系的教学管理系统为例，说明实体联系图的建立方法。

第一步：确定现实系统可能包含的实体。

为了简单起见，假设该教学管理系统所涉及的实体有教师、学生、课程。

第二步：确定每个实体的属性，特别要注明每个实体的键。

本例教学管理系统的实体包含的属性和键如下。

（1）对教师实体，属性有教师号、姓名、性别、年龄、职称和专业，其中教师号是键。

（2）对学生实体，属性有学号、姓名、性别、年龄、籍贯和专业，其中学号是键。

（3）对课程实体，属性有课程号、课程名、学时数、学分和教材，其中课程号是键。

第三步：确定实体之间可能有的联系，并结合实际情况给每个联系命名。

本例教学管理系统的实体之间存在如下联系。

（1）一位教师可以讲授多门课程，一门课程可以被多位教师讲授，这里将教师与课程之间的联系命名为讲授。

（2）一位学生可以选修多门课程，一门课程可以被多位学生选修。这里将学生与课程之间的联系命名为选修。

（3）在某个时间和地点，一位教师可指导多位学生，但每位学生在某个时间和地点只能被一位教师指导。这里把教师和学生之间的联系命名为指导。

在对联系命名时，一般用动词，当用该动词连接两边的实体时，通常能表达一个符合逻辑的比较完整的意思。例如，用动词"讲授"为教师与课程的联系命名，并且教师"讲授"课程是一个符合逻辑的完整句子。这也是判断实体之间是否有联系和对联系命名是否恰当的简单标准。

第四步：确定每个联系的种类和可能有的属性。有时，为了更好地刻画联系的某些特性，需要对联系指定属性。

根据教学管理系统的实体间联系情况，可以确定教师和课程之间的讲授联系是 m∶n 联系；学生和课程之间的选修联系是 m∶n 联系，为了更好地刻画选修的结果，为选修联系指定成绩属性；教师和学生之间的指导联系是 1∶n 联系，为了更好地刻画指导的环境因素，为指导联系指定时间和地点属性。

第五步：画 E-R 图，建立概念模型，完成现实世界到信息世界的第一次抽象。

在 E-R 图中规定：

（1）用长方形表示实体，在框内写上实体名。

（2）用椭圆形表示实体的属性，并用下画线标注实体的键，用无向边把实体与其属性连接起来。

例如，教师、学生和课程三个实体及属性可以表示成图 1-4 所示的形式。

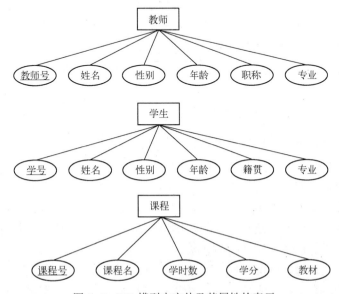

图 1-4　E-R 模型中实体及其属性的表示

（3）用菱形表示实体之间的联系，菱形内写上联系名。用无向边把菱形与有关的实体连接，在无向边旁标上联系的类型。若实体之间的联系也有属性（实体以外的属性），则把属性和菱形也用无向边连接起来。

例如，图 1-5 是教学管理的 E-R 模型。

图 1-5　教学管理 E-R 图

（4）为了使 E-R 图更清楚明了，如果实体的属性太多，可以在 E-R 图中只画出实体之间的联系，如图 1-6 所示，而将实体及属性在另一幅图中表示，如图 1-4 所示。因此，教学管理的 E-R 图可由图 1-4 和图 1-6 组成。

图 1-6　实体联系 E-R 图

在建立实体联系模型时，应注意以下几个问题：

（1）实体联系模型要全面正确地刻画客观事物，各类命名要清楚明了，易于理解。

（2）实体中键的选择应注意确保唯一性，即作为键的属性确实应该是那些能够唯一识别实体的属性。键不一定必须是单个属性，也可以是某几个属性的组合。

（3）实体间的联系常常通过实体中某些属性的关系来表达，因此在选择组成实体的属性时，应考虑到如何更好地实现实体间的联系。

（4）有些属性是通过实体间的联系反映出来的，如选修中的分数属性，对这些属性应特别注意，因为它们经常是在将概念模型向逻辑模型转换时的重要数据项。

（5）前面给出的教学管理系统的例子中，联系都是存在于两个实体之间，且实体之间只存在一种联系，这是最简单的情况。实际中，联系可能存在于多个实体之间，实体之间可能有多种联系。

（6）E-R 模型具有客观性和主观性两重含义。E-R 模型是在客观事物或系统的基础上形成的，在某种程度上反映了客观现实，反映了用户的需求，因此 E-R 模型具有客观性。但 E-R 模型又不等同于客观事物本身，它往往反映事物的某些方面，至于选取哪个方面或哪些属性，如何表达则决定于观察者本身的目的与状态，从这个意义上说，E-R 模型又具有主观性。

【课堂练习 2】　设有商店和顾客两个实体。"商店"有属性：商店编号、商店名、地址和电话。"顾客"有属性：顾客编号、姓名、地址、年龄和性别。假设一个商店有多个顾客购物，一个顾客可以到多个商店购物，顾客每一次去商店购物有一个消费金额和日期。试画 E-R 图，并注明属性和联系类型。

1.3　关系数据模型

逻辑模型是按计算机系统的观点对数据建模，是对数据逻辑结构的描述，主要用于 DBMS 的实现。当前，主要的逻辑模型有关系模型、层次模型、网状模型和面向对象模型四种。

用二维表格结构表示实体以及实体之间联系的逻辑模型称为关系数据模型。关系数据模型在用户看来是一个二维表格，其概念单一，容易为初学者接受。关系数据模型以关系数学为理论基础，操作对象和操作结果都是二维表。关系数据模型是由数据库技术的奠基人之一E.F.Codd 于 1970 年提出的。自 20 世纪 80 年代以来，计算机厂商推出的数据库管理系统几乎都支持关系数据模型。如 FoxBase、FoxPro、SQL-Sever 和 Oracle 等。

1.3.1 关系数据模型的基本概念

下面以表 1-2 描述学生信息的学生表和支持关系数据模型的 SQL Server 2008 为例，说明关系数据模型的基本概念。

1．关系（Relation）

一个关系就是一张二维表，每个关系都有一个关系名，即每个表都有一个表名。例如，表 1-2 所示的表的名称为学生表。

表 1-2　学生表

学　号	姓　名	性　别	年　龄	系　编　号
03001	马力刚	男	21	01
03102	王萍华	女	20	02
03223	王平	男	21	03

2．元组（Tuple）

二维表中的行称为元组，每一行是一个元组。元组对应存储文件中的一个记录。例如，学生表中包括三个元组。

3．属性和属性值（Attribute and Attribute Value）

二维表的列称为属性，每一列有一个属性名，且各属性不能重名。属性值是属性的具体值。属性对应存储文件中的一个字段。例如，学生表包括五个属性，属性名分别是学号、姓名、性别、年龄和系编号，其中的 03001、马力刚、男、21 和 01 是属性值。

4．域（Domain）

属性的取值范围称为域。例如，学生表中性别的取值范围只能是男和女。

5．关系模式（Relation Mode）

对关系的信息结构及语义限制的描述称为关系模式，用关系名和包含的属性名的集合以及关系的主键等表示。例如学生表的关系模式是：学生（学号，姓名，性别，年龄，系编号），其中学号是主键。

注意，关系模式和关系是彼此密切相关但又有区别的两个概念。关系模式是对关系结构的定义，是对关系"型"的描述。关系是二维表格，是对"型"和"值"的综合描述，"值"是指关系中的具体数据。一般来说，关系的"型"是相对稳定、不随时间变化的。而关系的"值"是随时间动态变化和不断更新的。例如，在学生表中，由于学生的入学、退学和毕业等原因，学生关系中的数据是经常变化的，但其结构以及对数据的限制是不会改变的。

6．键（Key）

键又称关键字或者码，由一个或几个属性组成，在实际使用中，有下列两种键：

候选键（Candidate Key）：如果在一个关系中，存在多个属性（或属性组合）都能用来唯一标识该关系中的元组，这些属性（或属性组合）都称为该关系的候选键。例如，在学生表中，如果没有重名的元组，则学号和姓名都是学生表的候选键。一般情况，如不加说明，则键就是指候选键。

主键（Primary Key）：用户选定的标识元组的一个候选键称为主键。例如，如果选择学号作为学生表中元组的标识，就称学号为主键。在一个关系中，主键的值不能为空，即主键的值为空的元组是不允许存在的。

7. 非主属性或非键属性（Non Primary Key）

在一个关系中，不组成键的属性称为该关系的非主属性或非键属性。例如，学生表中的性别、年龄和系编号是非主属性。

8. 外键（Foreign Key）

一个关系的某个属性（或属性组合）虽不是该关系的键或只是键的一部分，但却是另一个关系的键，则称这样的属性为该关系的外键。外键是表与表联系的纽带。

例如，学生表中的系编号不是学生表的键，但它却是表 1-3 系表的键，因此系编号是学生表的外键。通过系编号可以使学生表与系表建立联系。

表 1-3　系表

系　编　号	系　　　名	系　主　任	办　公　室	电　　话
01	计算机	龚小勇	205	6003
02	通信	曾晓宏	207	6025
03	电子	袁　勇	210	6018

9. 主表和从表

主表和从表是指通过外键相关联的两个表。以外键作为键的表称为主表；外键所在的表称为从表。例如，系表是主表，学生表是从表。

尽管关系与二维表格类似，但它们又有重要的区别。不能把日常手工管理所用的各种表格，按照一张表一个关系直接存放到数据库里。关系数据库要求其中的关系必须是规范化的，即必须满足以下条件：

（1）每一个关系仅有一种记录类型，即只有一种关系模式。

（2）关系中的每个属性是不可分解的，即不能表中套表。例如，手工制表中，经常出现表 1-4 所示的复合表，这种表格不是二维表，不能直接作为关系，应对其进行调整。对于该复合表，只要把应发工资和应扣工资两个表项去掉就可以了。

表 1-4　复合表

姓　　名	职　　称	应　发　工　资		应　扣　工　资		实　发　工　资
		基本工资	资金	房租	水电	

（3）在同一个关系中，不能出现相同的属性名。

（4）在同一个关系中，不能出现完全相同的行。

（5）在一个关系中，元组的位置无关紧要。任意交换两行的位置并不影响数据的实际含义。即所谓排行不分先后。

（6）在一个关系中，列的次序无关紧要。任意交换两列的位置并不影响数据的实际含义。

1.3.2 E-R 图转化为关系数据模型

将 E-R 图转化为关系数据模型，一般应遵从以下原则：

1. 每个实体转换为一个关系

（1）实体的属性就是关系的属性。

（2）实体的键作为关系的键。

2. 每个联系也转换成一个关系

（1）与联系相连的各个实体的码、联系的属性转换成关系的属性。

（2）关系的键如下。

① 对于 1：1 的联系，每个实体的键均是该关系的候选键；

② 对于 1：n 的联系，关系的键是 n 端实体的键；

③ 对于 m：n 的联系，关系的键是诸实体键的组合。

3. 有相同键的关系可以合并

根据以上原则，可将图 1-5 教学管理 E-R 模型转换成以下的关系表，为了简便起见，这里假设有三位教师、五名学生和两门课程。

（1）将教师实体转化为教师表（主键为教师号），见表 1-5。

表 1-5 教师表

教 师 号	姓　名	性　　别	年　龄	职　称	专　业
0001	孙学东	男	30	讲师	计算机软件
0002	唐乾林	男	32	讲师	计算机网络
0003	王静	女	34	副教授	电子商务

（2）将学生实体转化为学生表（主键为学号），见表 1-6。

表 1-6 学生表

学　号	姓　名	性　　别	年　龄	籍　贯	专　业
03001	马力刚	男	21	重庆	计算机软件
03102	王萍华	女	20	四川	计算机网络
03223	王平	男	21	北京	计算机安全
03103	张华	男	22	上海	计算机网络
03301	李萍	女	19	广州	电子商务

（3）将课程实体转化为课程表（主键为课程号），见表 1-7。

表 1-7 课程表

课 程 号	课 程 名	学 时 数	学　分	教　材
J1	C 语言程序设计	60	4	清华大学出版社
J2	数据结构	50	3	高等教育出版社

（4）将选修联系转化为选修表（主键为学号+课程号，外键为学号、课程号），见表1-8。

（5）将讲授联系转化为讲授表（主键为教师号+课程号，外键为教师号、课程号），见表1-9。

表1-8 选修表

学 号	课 程 号	成 绩
03001	J1	89
03102	J2	85
03223	J1	72
03103	J2	64
03301	J1	97
03001	J2	90
03102	J1	81

表1-9 讲授表

教 师 号	课 程 号
0001	J1
0001	J2
0002	J1
0002	J2
0003	J1

（6）将指导联系转化为指导表（主键为学号，外键为教师号），见表1-10。

表1-10 指导表

学 号	教 师 号	时 间	地 点
03001	0001	星期一	201
03102	0001	星期二	201
03223	0002	星期三	302
03103	0002	星期四	405
03301	0003	星期五	405

在将 E-R 图转化为关系数据模型时，如果没有具体数据，可用关系模式来代替关系表。因此，教学管理系统的关系数据模型也可以用以下关系模式来描述：

教师表（教师号，姓名，性别，职称，专业）　　　主键：教师号

学生表（学号，姓名，性别，年龄，专业）　　　　主键：学号

课程表（课程号，课程名，学时数，学分，教材）　主键：课程号

选修表（学号，课程号，成绩）　　　　　　　　　主键：学号+课程号

外键：学号、课程号

讲授表（教师号，课程号）　　　　　　　　　　　主键：教师号+课程号

外键：教师号、课程号

指导表（学号，教师号，时间，地点）　　　　　　主键：学号

外键：教师号

说明：学生表和指导表可以根据实际情况进行合并。

通过将 E-R 图转化为关系数据模型，实现了信息世界到机器世界的第二次抽象。

【课堂练习3】 某个企业集团有若干工厂，每个工厂生产多种产品，且每一种产品可以在多个工厂生产，每个工厂按照固定的计划数量生产产品；每个工厂聘用多名职工，且每名职工只能在一个工厂工作，工厂聘用职工有聘用期和工资。工厂的属性有工厂编号、厂名和地址，产品属性有产品编号、产品名和规格，职工的属性有职工号、姓名。

（1）根据上述语义画出 E-R 图。

（2）将 E-R 模型转换成关系数据模型，并指出每个关系模式的主键和外键。

1.4 基本关系运算

关系数据库建立在关系模型基础之上，具有严格的数学理论基础。关系数据库对数据的操作除了包括集合代数的并、差等运算之外，更定义了一组专门的关系运算：连接、选择和投影。关系运算的特点是运算的对象和结果都是表。

1.4.1 选择

选择是单目运算，其运算对象是一个表。该运算按给定的条件，从表中选出满足条件的行形成一个新表，作为运算结果。

选择运算的记号为 $\delta_F(R)$。其中 δ 是选择运算符，下标 F 是一个条件表达式，R 是被操作的表。

若学生情况表如表 1-11 所示。

表 1-11　学生情况表

学　　号	姓　　名	性　　别	平均成绩
200301	王敏	女	74
200305	李小琳	男	87
200320	胡小平	女	90

要在学生情况表中找出性别为"女"且平均成绩在 80 分以上的行形成一个新表，则运算式为：δ_F（学生情况表），其中 F 为性别="女" $\wedge$ 平均成绩≥80。该选择运算的结果见表 1-12。

表 1-12　选择运算的结果

学　　号	姓　　名	性　　别	平均成绩
200320	胡小平	女	90

1.4.2 投影

投影也是单目运算，该运算从表中选出指定的属性值组成一个新表，记为 $\prod_A(R)$。其中 A 是属性名（即列名），R 是表名。

若在表 1-11 的学生情况表中对"姓名"和"平均成绩"投影，运算式为 $\prod_{姓名, 平均成绩}$（学生情况表）。该投影运算的结果如表 1-13 所示。

表 1-13　投影运算结果

姓　　名	平均成绩
王敏	74
李小琳	87
胡小平	90

表的选择和投影运算分别从行和列两个方向上分割一个表，而下面要讨论的连接运算则是对两个表的操作。

1.4.3 连接

1. 交叉连接

交叉连接又称笛卡儿连接，设表 R 和 S 的属性个数分别为 r 和 s，元组个数分别为 m 和 n，则 R 和 S 的交叉连接是一个有 $r+s$ 个属性，$m \times n$ 个元组的表，且每个元组的前 r 个属性来自 R 的一个元组，后 s 个属性来自 S 的一个元组，记为 R×S。

若已知 A 表和 B 表，则 A×B 的结果如图 1-7 所示。

A1	A2
1	4
2	0
3	5

A

B1	B2	B3
1	3	7
2	5	8

B

A1	A2	B1	B2	B3
1	4	1	3	7
1	4	2	5	8
2	0	1	3	7
2	0	2	5	8
3	5	1	3	7
3	5	2	5	8

A × B

图 1-7　交叉连接示例

2. 内连接

（1）条件连接。它是把两个表中的行按照给定的条件进行拼接而形成的新表，结果列为参与连接的两个表的所有列，记为 $R\infty_F S$。其中 R、S 是被操作的表，F 是条件。

若已知 A 表和 B 表，则 $A\infty_F B$ 的结果如图 1-8 所示，其中条件为 T1≥T3。

T1	T2
1	A
0	F
2	B

A

T3	T4	T5
1	3	M
2	0	N

B

T1	T2	T3	T4	T5
1	A	1	3	M
2	B	1	3	M
2	B	2	0	N

$A\infty_F B$

图 1-8　条件连接示例

（2）自然连接。数据库应用中最常用的是"自然连接"。进行自然连接运算要求两个表有共同属性（列）。自然连接运算的结果表是在参与操作的两个表的共同属性上进行等值条件连接（见 5.4.1 节）后，再去除重复的属性后所得的新表。自然连接运算记为 R∞S，其中 R 和 S 是参与运算的两个表。

已知 A 表和 B 表，则 A∞B 的结果如图 1-9 所示：

T1	T2	T3
10	A1	B1
5	A1	C2
20	D2	C2

A

T1	T4	T5	T6
1	100	A1	D1
100	2	B2	C1
20	0	A2	D1
5	10	A2	C2

B

T1	T2	T3	T4	T5	T6
5	A1	C2	10	A2	C2
20	D2	C2	0	A2	D1

A∞B

图 1-9　自然连接示例

3. 外连接

在关系 R 和 S 上作自然连接时，选择两个关系在公共属性上值相等的元组构成新关系的元组。此时，关系 R 中某些元组有可能在 S 中不存在公共属性上值相等的元组，造成 R 中这些元组的值在操作时被舍弃。由于同样的原因，S 中某些元组也有可能被舍弃。如果 R 和 S 在作自然连接时，把原该舍弃的元组也保留在新关系中，同时在这些元组新增加的属性上填上空值（NULL），这种操作称为"外连接"操作。

（1）左外连接。左外连接就是在查询结果集中显示左边表中所有的记录，以及右边表中符合条件的记录。

（2）右外连接。右外连接就是在查询结果集中显示右边表中所有的记录，以及左边表中符合条件的记录。

（3）全外连接。全外连接就是在查询结果集中显示左右表中所有的记录，包括符合条件的和不符合条件的记录。

外连接示例如图 1-10 所示。

R

A	B	C
a	b	c
b	b	f
c	a	d

S

B	C	D
b	c	d
b	c	e
a	d	b
e	f	g

R与S自然连接

A	B	C	D
a	b	c	d
a	b	c	e
c	a	d	b

R与S全外连接

A	B	C	D
a	b	c	d
a	b	c	e
c	a	d	b
b	b	f	null
null	e	f	g

R与S左外连接

A	B	C	D
a	b	c	d
a	b	c	e
c	a	d	b
b	b	f	null

R与S右外连接

A	B	C	D
a	b	c	d
a	b	c	e
c	a	d	b
null	e	f	g

图 1-10　外连接示例

1.5　关系的完整性规则

关系的完整性规则也可称为关系的约束条件。它是对关系的一些限制和规定。通过这些限制保证数据库中的数据合理、正确和一致。关系的完整性规则包括实体完整性、参照完整性和域完整性三个方面。

1.5.1　实体完整性

这条规则要求，在任何关系的任何一个元组中，主键的值不能为空值。

这条规定的现实意义是，关系模型对应的是现实世界的数据实体，而主键是实体唯一性的表现，没有主键就没有实体，所有主键不能是空值。这是实体存在的最基本的前提，所以称为实体完整性。

1.5.2　参照完整性

参照完整性规则也可称为引用完整性规则。这条规则要求"不引用不存在的实体"，是对关系外键的规定，要求外键取值必须是客观存在的，即不允许在一个关系中引用另一个关系不存在的元组。

例如，前面给出的学生表和系表中，系编号是学生表的外键，也是系表的主键。根据参照完整性规则，要求学生表系编号的取值只能是以下两种情况：

（1）取空值。表明该学生还未被分配到任何系。例如，某位学生还没有确定在哪个系，则该学生元组的系编号处可空着不写，待以后填写。注意空值不是 0 或空格。

（2）若取非空值，则它必须是系表中系编号存在的值，即学生表系编号的值必须和系表系编号的值保持一致。因为一个学生不能属于一个不存在的系。

1.5.3　域完整性

由用户根据实际情况，对数据库中数据的内容所做的规定称为域完整性规则，也称用户定义完整性规则。通过这些规则限制数据库只接受符合完整性约束条件的数据，不接受违反约束条件的数据，从而保证数据库的数据合理可靠。

例如，表中的性别数据只能是男和女。对年龄数据也应该有一定的限制，不能是任意值。

1.6　关系的规范化

在关系数据库中，对于同一个问题，选用不同关系模式集合作为数据库模式，其性能的优劣是大不相同的，某些数据库模式设计常常带来存储异常，这是不利于实际应用的。为了区分数据库模式的优劣，人们常常把关系模式分为各种不同等级的范式（Normal Form，NF）。

在关系规范化中，通常将关系模式分为 5 个级别，即 5 种范式。满足最低条件的称为第一范式，简称 1NF。1NF 是关系模式应满足的最起码的条件。在第一范式基础上进一步满足一些要求的可升级为第二范式，其余依此类推。通常关系模式 R 是第 X 范式就写成 R∈XNF。

一个低一级范式的关系模式，通过分解可以转换为若干个高一级范式的关系模式，这种过程称为关系的规范化。关系的规范化主要目的是解决数据库中数据冗余、插入异常、删除异常和更新异常等数据存储问题。例如，关系模式 SCD（学号，姓名，课程名，成绩，教师名，教师职称）中，有多少学生学习了某门课程就必须重复输入多少次教师名和教师职称，因此存在数据冗余问题；如果要插入刘老师的个人信息，但刘老师未开课，会造成无法插入主键"学号+课程名"，因此存在插入异常问题；当要删除某门课程，课程名="数据库技术"的元组时，会丢失相关任课教师的信息，因此存在删除异常；当要更改某个学生的姓名时，则必须搜索出包含该姓名的每个元组，并对其姓名逐一修改，这样修改量大，容易造成数据的不一致问题，因此存在更新异常。

关系规范化的基本方法是逐步消除关系模式中不合适的数据依赖，使关系模式达到某种程度的分离，也就是说，不要将若干事物混在一起，而要彼此分开，用一个关系表示一事或一物，因此，规范化的过程也被认为是"单一化"的过程。

规范化是以函数相关性理论为基础的，其中最重要的是函数（数据）依赖，定义如下：给定一个关系模式 R，有属性（或属性组）A 和 B，如果 R 中 B 的每个值都与 A 的唯一确定值对应，则称 B 函数依赖于 A，A 被称为决定因素。

下面介绍 1NF 至 BCNF。

1.6.1 第一范式

设 R 是一个关系模式，如果 R 中的每个属性都是不可分解的，则称 R 是第一范式（1NF），记为 R∈1NF。

第一范式要求不能表中套表。它是关系模式最基本的要求，数据库模式中的所有关系模式必须是第一范式。关于第一范式这个问题，在前面曾经给过一个例子，这里再给出如表 1-14 所示的选修关系 SC1，以此说明非第一范式的弊病。

该选修关系 SC1 不是 1NF，因为其课程名中包含了若干门课程，是可以分解为若干单门课程的。对于这样的关系模式，如果要修改某个学生的选课情况，就会涉及该学生原来的所有课程名，这是很不方便的。为了避免这样的问题，可以将选修关系 SC1 的课程名属性拆开，形成如表 1-15 所示的 SC2 关系形式，显然，SC2∈1NF。

表 1-14 SC1

学号	课程
200301	{数学分析、光学原理、普通物理}
200302	{数学分析、光学原理}

表 1-15 SC2

学号	课程
200301	数学分析
200301	光学原理
200301	普通物理
200302	数学分析
200302	光学原理

1.6.2 第二范式

如果关系模式 R 是第一范式，且每个非键属性都完全函数依赖于键属性，则称 R 是第二范式（2NF），记为 R∈2NF。

部分函数依赖关系是造成插入异常的原因。在第二范式中，不存在非键属性对键属性的部分函数依赖关系，因此第二范式解决了插入异常问题。

例如，关系模式 SCD（学号，姓名，课程名，成绩，系名，系主任），它不是第二范式。因为该关系模式的键是学号+课程名，对于非键属性姓名和系名来说，它们只依赖于学号，而与课程名无关。解决的办法是将非第二范式的关系模式分解为若干个第二范式关系模式。分解的方法是：

（1）把关系模式中对键完全函数依赖的非主属性与决定它们的键放在一个关系模式中。

（2）把对键部分函数依赖的非主属性和决定它们的主属性放在一个关系模式中。

（3）检查分解后的新模式，如果仍不是 2NF，则继续按照前面的方法进行分解，直到达到要求。

对于关系模式 SCD 来说，成绩属性完全函数依赖于键学号+课程名，可将它们放在一个关系模式中。属性姓名、系名和系主任只依赖于学号，可将它们放在另一个关系模式中。得到的分解结果如下：

学生和系关系模式：SD（学号，姓名，系名，系主任）

选修关系模式：SC（学号，课程名，成绩）

这两个关系模式都不存在部分函数依赖，它们都是第二范式。虽然消除了数据的插入异常，但仍然存在其他存储问题，关系模式 SD 包含了学生和系两方面的信息，该模式仍然存在问题，有待进一步分解。这就需要更高级别的范式。

1.6.3 第三范式

如果关系模式 R 是第二范式，且没有一个非键属性传递函数依赖于键属性，则称 R 是第三范式（3NF），记为 R∈3NF。

传递函数依赖关系是造成删除异常的原因。第三范式不存在传递函数依赖，因此解决了数据的删除异常问题。

例如，关系模式 SD（学号，姓名，系名，系主任）是上例的分解结果，它仍然存在问题。该关系模式中存在着学号→系名，系名→系主任，即系主任传递函数依赖于学号，因此关系模式 SD 不是第三范式，它存在删除异常问题。解决的办法就是消除其中的传递函数依赖，将关系模式 SD 进一步分解为若干个独立的第三范式模式。分解的方法是：

（1）把直接对键函数依赖的非主属性与决定它们的键放在一个关系模式中。

（2）把造成传递函数依赖的决定因素连同被它们决定的属性放在一个关系模式中。

（3）检查分解后的新模式，如果不是 3NF，则继续按照前面的方法进行分解，直到达到要求。

对于关系模式 SD 来说，姓名、系名直接依赖于主属性学号，可将它们放在一个关系模式中。系名决定系主任，系名是造成传递函数依赖的决定因素，将它们放在另一个关系模式中。得到的分解结果如下。

学生关系模式：S（学号，姓名，系名）

系关系模式：D（系名，系主任）

可以看出，S 和 D 关系模式各自描述单一的现实事物，都不存在传递函数依赖关系，它们都是第三范式。

一个关系模式达到 3NF，基本解决了异常问题，但还不能彻底解决数据冗余问题。因为 3NF 不能很好地处理模型中含有多个候选键和候选键是组合项的情况，因此需要更强的范式。

【课堂练习4】 假设某商业集团数据库中有一个关系模式 R（商店编号，商品编号，数量，部门编号，负责人），如果规定：每个商店的每种商品只在一个部门销售；每个商店的每个部门只有一个负责人；每个商店的每种商品只有一个库存数量。

（1）写出关系模式 R 的基本函数依赖集。

（2）找出关系模式 R 的候选键。

（3）关系模式 R 最高已经达到第几范式？为什么？

（4）如果 R 不属于 3NF，请将 R 分解为 3NF。

1.6.4 Boyce-Codd 范式

Boyce-Codd 范式（BCNF）也称为扩充的第三范式或增强第三范式。

如果关系模式 R 中的所有决定因素都是键，则称 R 是 BCNF 范式。BCNF 范式消除了关系中冗余的键，由 BCNF 范式的定义，可以得到以下结论：

（1）所有非主属性对每个键完全函数依赖。

（2）所有主属性对每个不包含它的键完全函数依赖。

（3）没有任何属性完全函数依赖于非键的任何一组属性。

可以证明，若 R 是 BCNF 范式，则肯定是 3NF。但若 R 是 3NF，则不一定是 BCNF 范式。

例如：学生关系模式 S（学号，姓名，系名）不仅是 3NF，还是 BCNF 范式。

分两种情况进行分析。一种情况假设姓名可以有重名，则学号是该模式唯一决定因素，它又是键，所以关系模式 S 是 BCNF 范式。另一种情况假设姓名没有重名，则学号，姓名都是候选键，且除候选键以外，该模式没有其他决定因素，所以关系模式 S 仍是 BCNF 范式。

例如：设有关系模式 STJ（学生，教师，课程），并有如下假设。

（1）每位教师只教一门课程。

（2）一门课程由多位教师讲授。

（3）对于每门课，每个学生的讲课教师只有一位。

关系模式 STJ 是 3NF，但不是 BCNF 范式。

分析如下：由语义可知，关系模式 STJ 具有的函数依赖是：（学生，课程）→教师，教师→课程，（学生，教师）→课程，如图 1-11 所示。

图 1-11 非 BCNF 实例

关系模式 STJ 有两个候选键（学生，课程）和（学生，教师），由于没有任何非主属性对键传递函数依赖或部分函数依赖，所以模式 STJ 是 3NF。但它不是 BCNF 范式，因为教师决定课程，教师是课程的决定因素，而教师这一单一属性不是键，因此，模式 STJ 不是 BCNF 范式。

可以将模式 STJ 分解为两个关系模式，它们是 ST（学生，教师）和 TJ（教师，课程）。

将 3NF 分解为 BCNF 范式的方法如下。

（1）在 3NF 关系模式中，去掉一些主属性，只保留主键，使它们只有唯一的候选键。

（2）把去掉的主属性，分别同各自的非主属性组成新的关系模式。

（3）检查分解后的新模式，如果仍不是 BCNF，则继续按照前面的方法进行分解，直到达到要求。

在数据库设计中，以达到 3NF 作为主要目标。当然能够达到 BCNF 更好，但从理论上说，达到 BCNF 有时会破坏原来关系模式的一些固有特点。

例如，设有关系模式 R（U），U 属性由属性 S、T 和 V 构成，存在的函数依赖有（S，T）→V，V→S。

可以验证，该模型是 3NF，但不是 BCNF。无论将 R 如何分解，将损失函数依赖（S，T）→V。

纵观四种范式，可以发现它们之间存在着如下的关系：

BCNF⊆3NF⊆2NF⊆1NF

从范式所允许的函数依赖方面进行比较，它们之间有如图 1-12 所示的关系：

图 1-12　四种范式的比较

　　一般情况下，没有异常弊病的数据库设计是好的数据库设计，一个不好的关系模式也总是可以通过分解转换成好的关系模式的集合。但是在分解时要全面衡量，综合考虑，视实际情况而定。对于那些只要求查询而不要求插入、删除等操作的系统，几种异常现象的存在并不影响数据库的操作。这时便不宜过度分解，否则当要对整体查询时，需要更多的多表连接操作，这有可能得不偿失。

　　在实际应用中，最有价值的是 3NF 和 BCNF，在进行关系模式的设计时，通常分解到 3NF 就足够了。

【课后习题】

一、填空题

1. 数据库系统各类用户对表的各种操作请求（数据定义、查询、更新及各种控制）都是由一个复杂的软件来完成的，这个软件叫做_____。

2. DBMS（数据库管理系统）通常使每个用户只能按规定对某些数据以某种方式进行使用和处理，其目的是为了数据的_____。

3. 在概念模型中，通常用实体联系图表示数据的结构，其三个要素是_____、_____和_____。

4. 学校中有若干个系和若干个教师，每个教师只能属于一个系，一个系可以有多名教师，系与教师的联系类型是_____。

5. 数据库系统中所支持的主要逻辑数据模型有层次模型、网状模型、_____和面向对象模型。

6. 联系两个表的关键字称为_____。

7. 要求关系中主键的取值必须唯一且非空的规则是_____完整性规则。

8. 关系模式是对关系结构的定义，是对关系_____ 的描述。

9. 对于 1:1 的联系，_____ 均是该关系的候选键。

10. 对于 1:n 的联系，关系的键是_____。

11. 对于 m:n 的联系，关系的键是_____ 。

12. 关系完整性规则包括_____完整性、参照完整性和用户自定义完整性。

二、选择题

1. 数据库管理技术的发展阶段不包括（　　）。
    A. 数据库系统管理阶段　　　　　　B. 人工管理阶段
    C. 文件系统管理阶段　　　　　　　D. 操作系统管理阶段
2. 数据处理进入数据库系统阶段，以下哪个不是这一阶段的优点（　　）。
    A. 有很高的数据独立性　　　　　　B. 数据不能共享
    C. 数据整体结构化　　　　　　　　D. 有完备的数据控制功能
3. 用于定义、撤销和修改数据库对象的语言是（　　）。
    A. DDL　　　　B. DM　　　　C. DC　　　　D. DEL
4. 数据库系统的出现使信息系统以（　　）为中心。
    A. 数据库　　　　B. 用户　　　　C. 软件　　　　D. 硬件
5. 在现实世界中，事物的一般特性在信息世界中称为（　　）。
    A. 实体　　　　B. 实体键　　　　C. 属性　　　　D. 关系键
6. 实体联系图（E-R 图）是（　　）。
    A. 现实世界到信息世界的抽象　　　B. 描述信息世界的数据模型
    C. 对现实世界的描述　　　　　　　D. 描述机器世界的数据模型
7. 关系模型的数据结构是（　　）。
    A. 树　　　　B. 图　　　　C. 表　　　　D. 二维表
8. 关系 R 和 S 进行自然连接时，要求 R 和 S 含有一个或多个公共（　　）。
    A. 元组　　　　B. 行　　　　C. 记录　　　　D. 属性
9. 设属性 A 是关系 R 的主属性，则属性 A 不能取空值，这是（　　）。
    A. 实体完整性规则　　　　　　　　B. 参照完整性规则
    C. 用户自定义完整性规则　　　　　D. 域完整性规则

三、简答题

1. 什么是数据、数据库、数据库管理系统和数据库系统？
2. 数据库系统有哪些特点？
3. 数据库管理系统的主要功能有哪些？
4. 在关系代数中，等值条件连接和自然连接的区别是什么？
5. 试述关系模型的完整性规则。在参照完整性中，为什么外键属性的值也可以为空？什么情况下才可以为空？
6. 什么是关系规范化？关系规范化的目的是什么？关系规范化的基本方法是什么？第一范式至 BCNF，它们之间的关系是什么？

四、计算题

已知：

R		
A	B	C
1	2	3
4	5	6
7	8	9

S	
D	E
3	1
6	2

M		
C	D	E
3	5	8
9	8	0
3	6	9
6	7	8

N		
B	C	D
2	3	9
5	6	0
2	7	3

（1）求 R 与 S 在 B<D 并且 A≥E 的条件下进行条件连接的结果。

（2）求 R 与 N 在 R.B=N.B 并且 R.C=N.C 的条件下进行条件连接的结果。

（3）求 R、N 进行自然连接的结果。

（4）求 R、M、N 进行自然连接的结果。

（5）求 R 与 N 进行全外连接、左外连接、右外连接的结果。

五、设计题

1. 试给出三个实际情况的 E-R 图，要求实体之间具有一对一、一对多和多对多各种不同的联系。

2. 学校中有若干系，每个系有若干班级和教研室，每个教研室有若干教师，每个班有若干学生，每个学生选修若干课程，每门课程可由若干学生选修。请用 E-R 图画出此学校的概念模型。

3. 某商品销售公司有若干销售部门，每个销售部门有若干员工，销售多种商品，所有商品由一个厂家提供，设计该公司销售系统的 E-R 模型，并将其转换为关系模式。

4. 设关系模式 SCT(学号，课程号，成绩，教师名，教师地址)。如果规定：每个学生每学一门课程只有一个成绩；每门课只有一个教师任教；每个教师只有一个地址（无同名教师）。

（1）写出关系模式 SCT 的基本函数依赖集。

（2）找出关系模式 SCT 的候选键。

（3）试把 SCT 分解为 2NF 模式集，并说明理由。

（4）试把 SCT 分解为 3NF 模式集，并说明理由。

【课外实践】

任务 1：通过 E-R 图设计能够表示出班级与学生关系的关系数据模型。

要求：

（1）确定班级实体和学生实体的属性和主键。

（2）确定班级和学生之间的联系，给联系命名并指出联系的类型。

（3）确定联系本身的属性。

（4）画出班级与学生关系的 E-R 图。

（5）将 E-R 图转化为表，写出表的关系模式并标明各自的主键或外键。

任务 2：通过 E-R 图设计能够表示出顾客与商品关系的关系数据模型。

要求：

（1）确定顾客实体和商品实体的属性和主键。

（2）确定顾客和商品之间的联系，给联系命名并指出联系的类型。

（3）确定联系本身的属性。

（4）画出顾客与商品关系的 E-R 图。

（5）将 E-R 图转化为表，写出表的关系模式并标明各自的主键或外键。

任务 3：通过 E-R 图设计能够表示出学校与校长关系的关系数据模型。

要求：

（1）确定学校实体和校长实体的属性和主键。

（2）确定学校和校长之间的联系，给联系命名并指出联系的类型。

（3）确定联系本身的属性。

（4）画出学校与校长关系的 E-R 图。

（5）将 E-R 图转化为表，写出表的关系模式并标明各自的主键或外键。

任务 4：通过 E-R 图设计能够表示出房地产交易中客户、业务员和合同三者之间关系的关系数据模型。

要求：

（1）确定客户实体、业务员实体和合同实体的属性和主键。

（2）确定客户、业务员和合同三者之间的相互联系，给联系命名并指出联系的类型。

（3）确定联系本身的属性。

（4）画出客户、业务员和合同三者关系的 E-R 图。

（5）将 E-R 图转化为表，写出表的关系模式并标明各自的主键或外键。

任务 5：确定表中的关键字。

已知部门表和员工表，分别如表 1-16 和表 1-17 所示。

表 1-16　部门表

部 门 代 码	部 门 名	负 责 人	地 　 点
0001	生产部	李华江	重庆荣昌县
0002	销售部	张丽	重庆渝中区
0003	市场部	王欣	重庆江北区

表 1-17　员工表

员 工 代 码	姓 　 名	家 庭 住 址	联 系 电 话	邮 政 编 码	部 门 代 码
200001	王华	重庆	67690986	401147	0001
200002	李想	成都	54387659	508763	0003
200003	张丽	上海	67893542	208761	0002
200004	李华江	重庆	76549873	400054	0001

要求：

（1）确定部门表和员工表中的候选键（单属性或组合属性），并陈述理由。

（2）在候选键中确定部门表和员工表的主键。

（3）确定部门表和员工表中的共有属性。

（4）指出哪个表中的哪个属性是外键。

（5）确定哪个表是主表，哪个表是从表。

（6）回答问题：部门表和员工表是如何通过关键字实施数据完整性的？

任务 6：规范化数据。

已知项目表 1、项目表 2、职员表和项目表 3，分别如表 1-18、表 1-19、表 1-20 和表 1-21 所示。

表 1-18 项目表 1

项 目 代 码	职 员 代 码	部 门	累计工作时间
P27	E101	系统集成部	90
P27	E305	财务部	10
P51	E508	行政办公室	NULL
P51	E101	系统集成部	101
P20	E101	系统集成部	60
P27	E508	行政办公室	72

表 1-19 项目表 2

项 目 代 码	职 员 代 码	部 门	累计工作时间
P27 P51 P20	E101	系统集成部	90 101 60
P27 P22	E305	销售部	109 98
P51 P27	E508	行政办公室	NULL 72

表 1-20 职员表

职 员 代 码	部 门	部门负责人代码
E101	系统集成部	E901
E305	财务部	E909
E402	销售部	E909
E508	行政办公室	E908
E607	财务部	E909
E608	财务部	E909

表 1-21 项目表 3

项 目 代 码	职 员 代 码	职 员 姓 名	累计工作时间
P2	E1	李华玉	48
P5	E2	陈家伟	100
P6	E3	张勤	15
P3	E4	谢成权	250
P5	E4	谢成权	75
P5	E1	李华玉	40

要求：

（1）判断项目表 1 是否满足第一范式的条件并说明理由。

（2）判断项目表 2 是否满足第二范式的条件并说明理由。

（3）判断职员表是否满足第三范式的条件并说明理由。

（4）判断项目表 3 是否满足 BCNF 的条件并说明理由。

（5）将项目表 1 转换成满足第一范式条件的表。

（6）将项目表 2 转换成满足第二范式条件的表。

（7）将职员表转换成满足第三范式条件的表。

（8）将项目表 3 转换成满足 BCNF 条件的表。

（9）回答问题：规范化数据带来的不利影响是什么？

第2章　SQL Server 2008 基础

【学习目标】
- 掌握 SQL Server 2008 的安装方法
- 熟悉 SQL Server 2008 的网络配置
- 熟悉 SQL Server 2008 实用工具的使用

2.1　SQL Server 2008 介绍

SQL Server 2008 是微软推出的关系数据库解决方案，是面向中、大型企业的数据库平台。此平台使企业可以以很高的安全性、可靠性和可扩展性来运行企业最关键任务的应用程序；降低开发和管理企业数据的时间和成本。

SQL Server 2008 在过去的 SQL Server 2005 的基础之上做了较大的改进，是一个可信任的、高效的和智能的数据平台，SQL Server 2008 包括四个部分（即 SQL 的四个服务），分别是数据库引擎、集成服务、报表服务和分析服务。与以往一样，SQL Server 2008 提供多种版本供用户选择，各版本的功能比较见表 2-1。

表 2-1　SQL Server 2008 各版本的功能比较

功　能	Express	Workgroup	Standard	Enterprise	注　释
CPU 数量	1	2	4	无限制	
RAM	1 GB	3 GB	OS Max	OS Max	受操作系统限制
64 位支持			✓	✓	
Analysis Services			✓	✓	
数据库镜像			✓	✓	
数据库大小	4 GB	无限制	无限制	无限制	
Management Studio		✓	✓	✓	可单独下载
数据库优化顾问			✓	✓	
SQL 代理作业调度服务		✓	✓	✓	
报表服务器	✓	✓	✓	✓	
全文搜索		✓	✓	✓	
数据库优化顾问					
操作系统版本	Windows	Windows	Windows	Windows	
数据加密和密钥管理	✓	✓	✓	✓	
数据仓库			✓	✓	

功　能	Express	Workgroup	Standard	Enterprise	注　释
业务分析			✓	✓	
数据挖掘			✓	✓	

2.2　SQL Server 2008 的安装

2.2.1　安装前的准备

SQL Server 2008 的安装需要.Net Framework 3.5 的支持，若在 Vista 或更高的操作系统上则需要.Net Framework 3.5 SP1；同时还需要 Windows PowerShell 的支持，如果在安装前缺少这两个组件，则 SQL Server 2008 会自动更新安装。

SQL Server 2008 的安装还需要确保 Windows Installer 4.5 以上版本的成功启动，需要 MDAC 2.8 SP1 的支持（XP 以上操作系统中已集成）。

2.2.2　安装配置过程

SQL Server 2008 的安装配置过程如下：

（1）运行 SQL2008 安装目录下的 Setup.exe 程序，进入如图 2-1 所示的"SQL Server 安装中心"页面。该页面包括计划一个安装，设定安装方式（包括全新安装，从以前版本的 SQL Server 升级），以及用于维护 SQL Server 安装的许多其他选项。

图 2-1　SQL Server 2008 安装中心

（2）单击左侧的"安装"选项，会出现如图 2-2 所示的页面。如果是在新的计算机上或第一次安装 SQL Server 2008，可以选择"全新安装或向现有安装功能"选项，其后，安装程序将作安装程序支持规则检测，如图 2-3 所示。

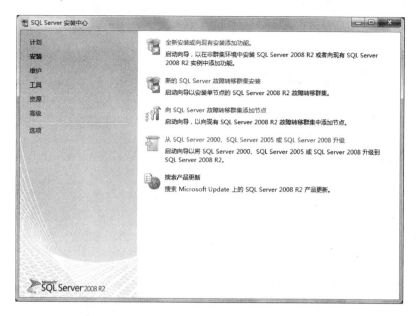

图 2-2　SQL Server 2008 安装中心

图 2-3　安装程序支持规则检测

　　（3）单击"下一步"按钮，进入如图 2-4 所示的"功能选择"页面。在该页面中，选择要安装的功能可以按实际工作需要来制定，对于只安装数据库服务器来说，一般要安装"数据库引擎服务"、"客户端工具连接"、"SQL Server 联机丛书"和"管理工具"。其中，数据库引擎服务是 SQL 数据库的核心服务，Analysis 及 Reporting 服务可根据需要选择性地安装，这两个服务需要 IIS 的支持。

　　（4）单击"下一步"按钮，进入如图 2-5 所示的"实例配置"页面。用户可以直接选择

"默认实例"进行安装，也可以选择"命名实例"进行安装。

图 2-4 功能选择

图 2-5 实例配置

如果一台计算机的功能强大，有足够的 CPU、内存资源，就可以多次安装 SQL Server，我们把每一个安装称为一个实例。不同的实例可以用作不同的目的，例如：一台计算机上安装了三个实例，一个实例可用于开发，一个实例可用于系统测试，另一个实例可用于用户测试。所以，每一个实例必须有一个唯一的名字，以示区分。一台计算机上最多只有一个默认实例名，也可以没有默认实例名，默认实例名与计算机名相同。

（5）单击"下一步"按钮，进入如图 2-6 所示的"服务器配置"页面。服务器配置主要用于配置服务账户的启动类型，服务的账户名推荐使用 NT AUTHORITY\SYSTEM 的系统账户，并指定服务账户的启动类型。

默认情况下，SQL Server Browser（即 SQL Server Management Studio 的另一个名字）是被禁用的。如果 SQL Server 安装是在服务器上，可以不用让 SQL Server Browser 运行。如果 SQL Server 安装是在一台本地计算机上，可以将该选项更改为"自动"启动。

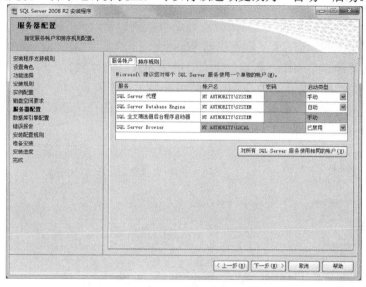

图 2-6 服务器配置

（6）单击"下一步"按钮，进入如图 2-7 所示的"数据库引擎配置"页面。在该页面的"账户设置"中，设置 SQL 登录验证模式有两个选择：Windows 身份验证模式和混合模式。Windows 身份验证模式表示使用 Windows 的安全机制维护 SQL Server 的登录；混合模式表示要么使用 Windows 的安全机制，要么使用 SQL Server 定义的登录 ID 和密码。如果使用混合模式，还需要为内置的 SQL Server 系统管理员账户（sa）设置密码。

图 2-7 数据库账户设置

提示：身份验证模式推荐使用混合模式。在安装过程中，SQL2008 对内置的 SQL Server 系统管理员账户(sa)的密码强度要求相对比较高，需要由大小写字母、数字及符号组成，否则将不允许你继续安装。

另外，还必须指定 SQL Server 管理员账户。这是一个特殊的账户，如果遇到 SQL Server 拒绝连接时，能够使用这个账户进行登录。在这里，我们单击了"添加当前用户"按钮，使登录到这台计算机上的当前账户（即本机的 Windows 系统管理账户 administrator）为管理员。当然也可以单击"添加"按钮，新建一个专门用于 SQL Server 管理的账户。

（7）单击"数据库引擎配置"页面中的"数据目录"选项卡，进入如图 2-8 所示的页面。在该页面中，用户可根据需要设置 SQL 各种类型数据文件的存储位置。如果没有选择，则存储在 SQL Server 的安装目录下。

图 2-8　数据库目录设置

（8）单击"下一步"按钮，进入如图 2-9 所示的"准备安装"页面。在该页面，安装程序汇总显示了各个安装选项。

图 2-9　汇总显示各个安装选项

（9）单击"安装"按钮，系统将完成后续的安装，其安装完成情况如图 2-10 所示。

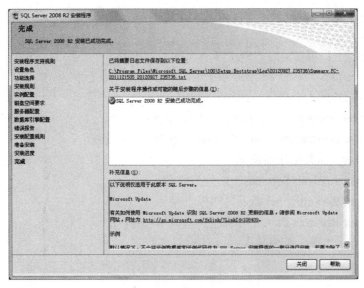

图 2-10　安装完成

（10）安装完成后，从"开始"菜单运行"SQL Server Management Studio"程序，会出现如图 2-11 所示的"连接数据库引擎"的界面。

图 2-11　连接数据库引擎

（11）选择服务器名称、身份验证模式，并输入用户名和密码，单击"连接"按钮即可连接数据库引擎。

2.3　SQL Server 2008 的配置

2.3.1　SQL Server 2008 服务管理

　　SQL Server 在服务器后台要运行许多不同的服务。完整安装的 SQL Server 包括九个方面的服务，其中七个服务可以使用 SQL Server 配置管理器或 Windows 系统中"计算机管理"工具来进行管理。

使用"计算机管理"工具查看 SQL Server 的服务的方法如下：

（1）鼠标右键单击桌面上的"我的电脑"→"管理"命令，会出现如图 2-12 所示的"计算机管理"窗口。

（2）在该窗口中，可以通过"SQL Server 配置管理器"节点中的"SQL Server 服务"子节点查看到 Microsoft SQL Server 2008 系统的所有服务及其运行状态。其中，列出了 Microsoft SQL Server 2008 系统的七个服务：

① SQL Server Integration Services，即集成服务；

② SQL Full-text Filter Daemon Launcher，即全文搜索服务；

③ SQL Server，即数据库引擎服务；

④ SQL Server Analysis Services，即分析服务；

⑤ SQL Server Reporting Services，即报表服务；

⑥ SQL Server Browser，即 SQL Server 浏览器服务；

⑦ SQL Server 代理，即 SQL Server 代理服务。

图 2-12　SQL Server 服务管理

另外，也可以使用"SQL Server 配置管理器"查看和控制 SQL Server 服务。

【例 2-1】 使用"SQL Server 配置管理器"，配置数据库引擎实例。

其方法如下：

（1）单击"开始"按钮→"程序"→"Microsoft SQL Server 2008 R2"程序组→"配置工具"→"SQL Server 配置管理器"，会出现如图 2-13 所示的窗口。

图 2-13　SQL Server 2008 的配置管理器

（2）单击左窗格中的"SQL Server 服务"，在右窗格中列出了当前可配置的 SQL Server

服务。

（3）在右窗格中，鼠标右键单击要配置的"SQL Server（MSSQLSERVER）"服务→"属性"，会出现如图 2-14 所示的对话框。该"登录"页面用于为服务指定登录身份："内置账户"是 Windows 绑定账户，其账户名和密码由 Windows 确定；"本账户"由 SQL Server 管理，需指定登录账户名和密码。

（4）单击"服务"选项卡，出现如图 2-15 所示的对话框。该页面用于配置服务的手动、自动和禁用三种启动模式。

图 2-14 为所选服务设置启动账户

图 2-15 设置服务的启动模式

（5）单击"FILESTREAM"选项卡，出现如图 2-16 所示的对话框。该页面用于设置是否启用文件流形式存储数据。文件流是 SQL Server 2008 中的一个新特性，允许以独立文件的形式存放大对象数据，而不是像以前版本那样将所有数据都保存到数据文件中。

（6）单击"高级"选项卡，出现如图 2-17 所示的对话框。该页面包括是否需要配置服务的启动错误报告、客户反馈报告，指定在服务启动时使用参数、指定转储错误信息的文件夹等功能。

图 2-16 为数据库引擎实例配置文件流

图 2-17 为所选的服务设置高级选项

（7）如果以上参数在修改时服务正在运行，则必须在"登录"选项卡中单击"重新启动"按钮，使新的设置生效。

（8）单击"确定"按钮。

2.3.2 SQL Server 2008 的网络配置

SQL Server 可以使用多种协议 Shared Memory（共享内存）、Named Pipes（命名管道）、TCP/IP 和 VIA（虚拟接口架构）配置独立的服务器和客户端。

通过 "SQL Server 配置管理器" 工具，可以为每一个服务器实例独立设定网络配置，如图 2-18 所示；也可以为每个客户端进行配置，如图 2-19 所示。在配置客户端时，当有多种客户端协议要配置使用时，则客户端按一个特定的优先顺序来使用这些协议，默认优先顺序是 Shared Memory→TCP/IP→Named Pipes→VIA。

图 2-18　查看 SQL Server 实例的网络配置

图 2-19　查看客户端协议

SQL Server 的安装可以配置为本地连接和远程连接。在很多情况下，网络连接出现问题都是因为客户机网络配置不合理，或者是客户机网络配置与服务器配置不匹配引起的。

1. 配置 Shared Memory 网络配置

Shared Memory 协议用于本地连接。如果该协议被启用，任何本地用户都可以使用这些协议连接到服务器。如果不希望本地用户连接到服务器，可以禁用该协议。其方法是：在 "SQL Server 配置管理器" 中，单击左窗格中的 "SQL Server 网络配置" 节点 →选择一个 SQL Server 实例的协议项→在右窗格中，右键单击 "Shared Memory" 协议→单击 "禁用" 命令，如图 2-20 所示。

2. 配置 Named Pipes 网络配置

Named Pipes 协议主要用于为较早版本的 Windows 操作系统所写程序的本地连接和远程连接。启用 Named Pipes 时，SQL Server 2008 会使用 Named Pipes 网络库通过一个标准网络地址来通信：默认实例是\\.\pipe\sql\query，命名实例是\\.\pipe\MSSQL$instancename\sql \query。如果要启用或禁用该协议，可以通过配置这个协议的属性来改变其作用。其方法与禁用 Shared Memory 协议类似，这里不再重复。

图 2-20　Shared Memory 协议

3. 配置 TCP/IP 网络配置

TCP/IP 协议是通过本地或远程连接到 SQL Server 的首选协议。使用 TCP/IP 协议时，SQL Server 在指定的 TCP 端口和 IP 地址侦听以响应它的请求。在默认情况下，SQL Server 会在所有的 IP 地址中侦听 TCP 端口 1433，当然，SQL Server 也会只侦听指定启用的 IP 地址。

【例 2-2】　禁用 TCP/IP 协议。

其方法如下：在"SQL Server 配置管理器"中，展开左窗格中的"SQL Server 网络配置"节点→选择一个 SQL Server 实例的协议项 →在右窗格中，右键单击"TCP/IP" 协议 → 单击"禁用"命令。

【例 2-3】　将 SQL Server 实例配置为使用静态 TCP/IP 网络配置。

其方法如下：

（1）在"SQL Server 配置管理器"中，展开左窗格中的"SQL Server 网络配置"节点 → 选择一个 SQL Server 实例的协议项 →在右窗格中，右键单击"TCP/IP" 协议 → 单击"属性"命令，出现如图 2-21 所示（右）的对话框。

（2）在"IP 地址"选项卡中可以看到在服务器上配置的 IP 地址清单（包括 IPv4 和 IPv6）。单独的 IP 地址项是按数字排列，例如：IP1、IP2、IP3……。当 SQL Server 侦听指定的 IP 地址时，需要对这些单独的 IP 地址项进行相应设置。当 SQL Server 侦听服务器上所有 IP 地址时，需设置"IPAll"项。

（3）如果要 SQL Server 侦听服务器上的所有 IP 地址，应进行以下操作，如图 2-21 所示。

图 2-21　设置侦听所有 IP 地址和 TCP 端口

① 在"协议"选项卡中将"全部侦听"设为"是"。

② 在"IP 地址"选项卡中为"IPAll"指定一个 TCP 侦听端口，默认是 1433，若要改变 TCP 侦听端口，输入 TCP 侦听端口即可。

（4）如果想在一个指定的 IP 地址和 TCP 端口中启用侦听，应进行以下操作，如图 2-22 所示。

① 在"协议"选项卡中将"全部侦听"设为"否"。

② 在"IP 地址"选项卡中将要侦听的 IP 地址的"活动"属性和"已启用"属性都设为"是"，然后为每一个 IP 地址分别输入相应的 TCP 端口。

③ 在"IP 地址"选项卡中将不需要侦听的 IP 地址的"活动"属性和"已启用"属性都设为"否"。

图 2-22　设置侦听指定的 IP 地址和 TCP 端口

（5）单击"确定"按钮。

提示： SQL Server 可以侦听同一 IP 地址的多个端口，只需列出端口清单即可，端口之间用逗号分隔，如 1433,1533,1534。在逗号和值之间不能有空格。

【例 2-4】 将 SQL Server 实例配置为使用动态 TCP/IP 网络配置。

其方法如下：

（1）、（2）同上例。

（3）如果要 SQL Server 侦听服务器上的所有 IP 地址的动态端口，应进行以下操作，如图 2-23 所示。

图 2-23　设置侦听所有 IP 地址的动态端口

① 在"协议"选项卡中将"全部侦听"设为"是"。

② 在"IP 地址"选项卡中，在"IPAll"的"TCP 动态端口"文本框中输入 0。

（4）如果想在一个指定的 IP 地址和 TCP 端口中启用侦听，应进行以下操作，如图 2-24 所示。

图 2-24　设置侦听指定 IP 地址的动态端口

① 在"协议"选项卡中将"全部侦听"设为"否"。

② 在"IP 地址"选项卡中将要侦听的 IP 地址的"活动"属性和"已启用"属性都设为"是"，然后在相应的"TCP 动态端口"文本框中输入 0。

③ 在"IP 地址"选项卡中将不需要侦听的 IP 地址的"活动"属性和"已启用"属性都设为"否"。

【例 2-5】　在使用 SQL Server 2008 时，如果无法进行远程连接，应如何解决？

在使用 SQL Server 2008 远程连接时，如果不能正常连接，可以从以下三个方面依次检查并配置。

（1）检查 SQL 数据库服务器中是否允许远程连接。在 SQL2008 服务器中，可以通过打开 SQL Server 2008 管理项目（SQL Server 2008 Management Studio）来完成这项检查。其具体操作步骤如下：

① 单击"开始"按钮→"程序"菜单→在"Microsoft SQL Server 2008 R2"程序组中，选择"SQL Server 2008 Management Studio"，打开如图 2-25 所示的窗口。

图 2-25　SQL Server Management Studio 窗口

② 鼠标右键单击服务器名→在弹出的快捷菜单中，单击"属性"命令→在出现的对话框中，单击"选择页"列表框中的"连接"选项，会出现如图 2-26 所示的窗口。

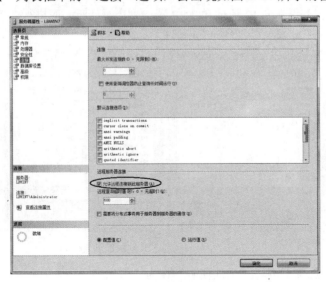

图 2-26　服务器属性窗口

③ 检查是否勾选"允许远程连接到此服务器"选项，单击"确定"按钮。

④ 重启 SQL Server 服务，若还是出现错误提醒对话框，那么继续做后面的检查。

（2）为 SQL 服务器（MSSQLServer）配置相应协议。在这一步需要检查 SQL 网络连接配置情况，其操作步骤如下：

① 单击"开始"按钮 → "程序"菜单 → 在"Microsoft SQL Server 2008 R2"程序组的"配置工具"中，选择"SQL 服务器配置管理器"，打开"SQL Server Configuration Manager"窗口。

② 在该窗口中，展开"SQL Server 网络配置"节点，单击"MSSQLSERVER 的协议"选项，检查右边窗格中"TCP/IP"是否为"启用"，如图 2-27 所示的窗口。

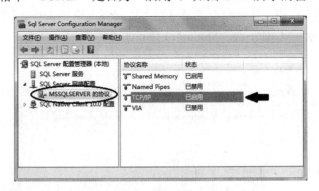

图 2-27　检查 SQL Server 的网络配置

③ 重启 SQL Server 服务，再次检查是否可以执行远程连接。若依然出现错误提醒对话框，则需要进一步检查操作系统的防火墙选项。

（3）检查 SQL 服务器防火墙设置。在完成了前面两步操作后，用户端计算机仍然无法远程连接到 SQL 服务器，则需要对 SQL 服务器防火墙进行重新配置。其操作步骤如下：

① 查看 SQL 服务器上支持 TCP/IP 协议的端口。方法是：在图 2-27 中鼠标右键单击
"TCP/IP" → 单击"属性"命令 → 选择"IP 地址"选项，如图 2-28 所示。由此可以看出，
一般 SQL 服务器上支持 TCP/IP 协议的是 1433 端口。

图 2-28　查看支持 TCP/IP 协议的端口

② 在防火墙的配置中允许 1433 端口支持 TCP/IP 协议。如果服务器上运行的是 Windows
7 操作系统（其他微软操作系统的方法类似），则在"控制面板"中单击"Windows 防火墙"
选项，会出现如图 2-29 所示的窗口。

图 2-29　Windows 防火墙设置

③ 选择"高级设置"选项后，会打开"高级安全 Windows 防火墙"窗口，然后，再单
击左窗格中的"入站规则"选项，会出现如图 2-30 所示的窗口。

④ 单击右窗格中的"新建规则"选项，会出现如图 2-31 所示的"新建入站规则向导"
对话框。

图 2-30　Windows 防火墙入站规则设置

图 2-31　选择入站规则类型

　　⑤ 在该对话框中，选择"端口"选项后，单击"下一步"按钮，会出现如图 2-32 所示的对话框。

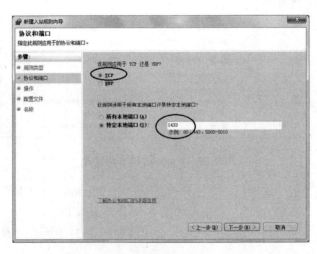

图 2-32　选择协议和设置端口

⑥ 在该对话框的"特定本地端口"框中，输入"1433"，然后依次单击"下一步"按钮，根据向导完成"操作"、"配置文件"选项设置，最后，在如图 2-33 所示的对话框中，输入名称"SQL Server Port"，单击"完成"按钮。

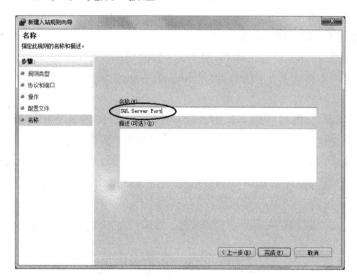

图 2-33　设置新建规则的名称

完成了上述的（1）、（2）和（3）步骤，并确认每一步操作都正确后，重新启动计算机，之后，用户的 SQL 服务器即可支持远程连接。

4. 配置本地客户端配置的安全性

默认情况下，客户端不使用安全套接字层（SSL），也不会尝试校验服务证书。可以强制执行协议加密、服务器证书校验或者二者兼顾，其方法如下：

（1）在"SQL Server 配置管理器"中，右键单击左窗格中的"SQL Native Client 10.0 配置"节点 → 单击"属性"命令，出现如图 2-34 所示的对话框。

图 2-34　设置本地客户端配置的安全性

（2）如果在"强制协议加密"框中选择"是"，会强制客户端使用 SSL，否则，会使用未加密的连接。

（3）如果在"信任服务器证书"框中选择"是"，会强制客户端校验服务器证书，否则，会跳过对服务器证书的校验。

5．配置本地客户端协议的顺序

SQL Server 提供了一项功能，即客户机可以选择使用一个协议，如果该协议不起作用，则再使用另一协议。本地连接的首选协议是 Shared Memory 协议，通过以下步骤可以改变其他协议的顺序。

（1）在"SQL Server 配置管理器"中，展开左窗格中的"SQL Server 网络配置"节点 → 右键单击"客户端协议" → 单击"属性"命令，出现"客户端协议属性"对话框。

（2）在该对话框中，可以进行以下操作，如图 2-35 所示。

① 改变启用协议的顺序。选中要调整顺序的协议→单击"上移"或"下移"按钮即可。

② 禁用或启用协议。在"启用的协议"列表框中，选中一个协议 → 单击"左移"按钮即可禁用该协议。在"禁用的协议"列表框中，选中一个协议 → 单击"右移"按钮即可启用该协议。

③ 禁用或启用 Shared Memory 协议。清除"启用 Shared Memory 协议"复选框可以为本地客户端连接禁用 Shared Memory 协议。反之，则为本地客户端连接启用 Shared Memory 协议。

（3）单击"确定"按钮。

说明：关于本地客户端的 Shared Memory 配置、Named Pipes 配置和 TCP/IP 配置，其方法与前面所述的方法大同小异，故这里不再重复。

图 2-35　设置本地客户端协议的顺序

2.4　SQL Server 2008 工具和实用程序

2.4.1　SQL Server Management Studio

Microsoft SQL Server Management Studio（SSMS）是 Microsoft SQL Server 2008 提供的集

成应用环境，它将各种图形化工具和多功能的脚本编辑器组合在一起，完成访问、配置、控制、管理和开发 SQL Server 的所有工作，大大地方便了技术人员和数据库管理员对 SQL Server 系统的各种访问。启动 Microsoft SQL Server Management Studio 后，其窗口如图 2-36 所示。

图 2-36　Microsoft SQL Server Management Studio 主窗口

Microsoft SQL Server Management Studio 是由多个管理和开发工具组成的，主要包括"已注册的服务器"窗口、"对象资源管理器"窗口、"查询编辑器"窗口、"模板资源管理器"窗口和"解决方案资源管理器"窗口等，大部分窗口的显示与否都可以在"查看"菜单中选择。下面主要介绍"已注册的服务器"窗口、"对象资源管理器"窗口和"查询编辑器"窗口。

1. 已注册的服务器窗口

在该窗口中，可以完成注册服务器和将服务器组合成逻辑组的功能。通过该窗口可以选择数据库引擎服务器、分析服务器、报表服务器和集成服务器等。当选中某个服务器时，可以从右键的快捷菜单中进行新建服务器组、启动或停止服务器、查看服务器属性和导入或导出服务器信息等操作，例如：要启动或停止当前数据库服务器，可按图 2-37 所示进行操作。

图 2-37　启动或停止服务器

2. 对象资源管理器窗口

在该窗口中，可以完成注册、启动和停止服务器，配置服务器属性，创建数据库以及表、视图、存储过程等数据库对象，生成 T-SQL 对象以创建脚本、创建登录账户、管理数据库对象权限等，配置和管理复制，监视服务器活动，查看系统日志等操作。

3. 查询编辑器窗口

单击 SSMS 工具栏上的"新建查询"按钮，可打开"查询编辑器"窗口，该窗口用于编写和运行 Transact-SQL 脚本。它既可以在连接模式下工作，也可以在断开模式下工作。SQL Server 2008 的"查询编辑器"支持彩色代码关键字，可视化地显示语法错误，允许开发人员运行和诊断代码等。

例如：要查看服务器上"XSCJ"数据库中"XSQK"表中的信息，可按图 2-38 所示在"查询编辑器"窗口中输入代码后，单击工具栏上的"执行"按钮，就可在"查询结果"窗格中看到结果。

图 2-38　查询编辑器窗口

2.4.2　性能工具

1. SQL Server Profiler

使用 SQL Server Profiler 工具可以对 Microsoft SQL Server 2008 系统的运行过程像摄像机一样进行摄录。

SQL Server Profiler 是用于从服务器中捕获 SQL Server 2008 事件的工具。这些事件可以是连接服务器、登录系统和执行 T-SQL 语句等操作。它们被保存在一个跟踪文件中，以便日后对该文件进行分析或用来重新执行指定的系列步骤，从而有效地发现系统中性能比较差的查询语句等相关问题。SQL Server Profiler 的使用方法如下：

（1）单击 SSMS 窗口的"工具"菜单 → "SQL Server Profiler"命令，会出现如图 2-39 所示的"连接到服务器"对话框。

图 2-39 "连接到服务器"对话框

（2）单击"连接"按钮后，会出现如图 2-40 所示的对话框。

图 2-40 "跟踪属性"对话框

（3）在该对话框中，可以设置跟踪名称、使用模板、保存到文件的地址和名称、保存到表的服务器名和数据表名以及跟踪的停止时间。

（4）单击"事件选择"选项卡，在如图 2-41 所示的对话框中，可以设置要跟踪的事件和事件列。

图 2-41 "事件选择"选项卡

（5）单击"运行"按钮，出现如图 2-42 所示的跟踪窗口，根据跟踪结果可以分析出现问题的原因。

图 2-42　SQL Server Profiler 的运行窗口

提示：要运行"SQL Server Profiler"程序，也可单击"开始"菜单→"程序"→"Microsoft SQL Server 2008 R2"→"性能工具"→"SQL Server Profiler"。

2．数据库引擎优化顾问

数据库引擎优化顾问（Database Engine Tuning Advisor）工具可以帮助用户分析工作负荷、提出创建高效率索引的建议等。借助数据库引擎优化顾问，用户不必详细了解数据库的结构就可以选择和创建最佳的索引、索引视图、分区等。工作负荷是对要优化的一个或多个数据库执行的一组 Transact-SQL 语句，可以通过 SSMS 中的查询编辑器创建 T-SQL 脚本工作负荷，也可以使用 SQL Server Profiler 中的优化模板来创建跟踪文件和跟踪表工作负荷。

使用数据库引擎优化顾问工具可以执行下列操作：

（1）通过使用查询优化器分析工作负荷中的查询，推荐数据库的最佳索引组合。

（2）为工作负荷中引用的数据库推荐对齐分区和非对齐分区。

（3）推荐工作负荷中引用的数据库的索引视图。

（4）分析所建议的更改将会产生的影响，包括索引的使用、查询在工作负荷中的性能。

（5）推荐为执行一个小型的问题查询集而对数据库进行优化的方法。

（6）允许通过指定磁盘空间约束等选项对推荐进行自定义。

（7）提供对所给工作负荷的建议执行效果的汇总报告。

数据库引擎优化顾问的使用方法如下：

（1）单击 SSMS 窗口的"工具"菜单→"数据库引擎优化顾问"命令，会出现如图 2-39 所示的"连接到服务器"对话框。

（2）单击"连接"按钮后，会出现如图 2-43 所示的窗口。

（3）在该窗口中，设置会话名称、工作负荷所用的文件或表，选择要优化的数据库和表，如图 2-44 所示。

（4）单击"开始分析"按钮进行分析。分析完毕，会出现如图 2-45 所示的窗口，在该窗口中，可以看到 SQL Server 2008 给出的优化建议。

图 2-43　数据库引擎优化顾问窗口

图 2-44　设置常规选项

图 2-45　优化建议

（5）单击"报告"选项卡，可以看到各个选项的优化报告，如图 2-46 所示。

图 2-46　优化报告

2.4.3　PowerShell

PowerShell 是 Microsoft SQL Server 2008 系统的新功能，是一个脚本和服务器导航引擎。
用户可以使用该工具导航服务器上的所有对象，就好像它们是
文件系统中目录结构的一部分一样，甚至可以使用诸如 dir、
cd 类型的命令。

在 SSMS 的"对象资源管理器"窗口中，鼠标右键单击
服务器实例，从弹出的快捷菜单中选择"启动 PowerShell"命
令，会出现如图 2-47 所示的窗口。

图 2-47　PowerShell 窗口

2.4.4　文档和教程

SQL Server 2008 为数据库人员提供了学习平台，单击"开始"菜单→"程序"→"Microsoft
SQL Server 2008 R2"→"文档和教程"→"SQL Server 教程"即可启动 SQL Server 教程，如
图 2-48 所示。

图 2-48　SQL Server 教程

【课后习题】

一、填空题

1. 在一台计算机机上可以多次安装 SQL Server，我们把每一个安装称为_____。

2. 在 SQL Server 2008 中，主要用管理与 SQL Server 相关联的服务、配置 SQL Server 使用的协议、管理网络连接配置的一种实用工具是_____。

3. 在 SQL Server Management Studio 中，用于查看和管理服务器中的所有对象的组件是_____。

4. 在 SQL Server 2008 的安装过程中，需要选择设置的两种身份验证模式是_____和_____。

5. SQL Server 2008 中的服务可以通过_____和_____工具来进行管理。

6. SQL Server 的安装可以配置为_____连接和_____连接。

7. 用于本地连接的首选协议是_____。

8. 通过本地或远程连接到 SQL Server 的首选协议是_____。

二、简答题

1. 对象资源管理器有什么作用？
2. "新建查询"窗口有什么作用？
3. 性能工具 SQL Server Profiler 有什么作用？

【课外实践】

任务 1：通过"联机丛书"，了解 SQL Server 2008 的新增功能。

任务 2：上网查询，常见的数据库管理系统有哪些？了解其优缺点。

任务 3：安装合适的 SQL Server 版本至个人计算机上，并做好访问配置。

第3章 数据库的创建与管理

【学习目标】
- 掌握 SQL 数据库的基本结构
- 掌握数据库文件的类型
- 掌握数据库的创建、修改和删除
- 掌握数据库的备份与还原
- 掌握数据库的分离与附加

3.1 SQL Server 2008 数据库概述

数据库是用来存储数据和数据库对象的逻辑实体，是数据库管理系统的核心内容。要更好地理解数据库的含义，应该首先了解数据库文件、文件组、数据库对象、数据库的物理空间、数据库状态等基本概念。

3.1.1 数据库文件

在 SQL Server 2008 系统中，一个数据库在磁盘上可以保存为一个或多个文件，我们把这些文件称为数据库文件。数据库文件分成三类：主数据文件、次数据文件和事务日志文件。一个数据库至少有一个数据文件和一个事务日志文件。当然，一个数据库也可以有多个数据文件和多个事务日志文件。

1. 主数据文件

每个数据库有且仅有一个主数据文件。它用于存放数据和数据库的启动信息等，它的默认扩展名为.mdf。

2. 次数据文件

如果数据库中的数据量很大，除了将数据存储在主数据文件中以外，还可以将一部分数据存储在次数据文件中，这样，有了次数据文件就可以将数据存在不同的磁盘中，便于操作管理。次数据文件是可选的，一个数据库可以没有次数据文件，也可以有多个次数据文件，它的默认扩展名为.ndf。

3. 事务日志文件

SQL Server 2008 系统具有事务功能，可以保证数据库操作的一致性和完整性，它使用事务日志文件来记录所有事务及每个事务对数据库所做的操作。如果数据库被损坏了，数据库管理人员可以利用事务日志文件恢复数据库。一个数据库至少有一个事务日志文件，它的默认扩展名为.ldf。

数据库文件在操作系统中存储的文件名称为物理文件名。每个物理文件名都具有明确的存储位置，其文件名称会比较长，由于在 SQL Server 系统内部要访问它们非常不方便，所以，每个数据库又有逻辑文件名，每一个物理文件名都对应一个逻辑文件名，逻辑文件名简单，引用起来非常方便。

说明：在 SQL Server 2008 中，默认的主数据文件的扩展名为 mdf、次数据文件的扩展名为 ndf、日志文件的扩展名为 ldf，但并不对扩展名强制要求。

3.1.2 数据库文件组

为了方便管理，可以将多个数据文件组织成为一组，称为文件组。每个文件组对应一个组名。可以将文件组中的文件存放在不同磁盘，以便提高数据库的访问性能。例如：在某个数据库中，创建了三个次数据文件，它们存储在三个不同的磁盘上，并将它们指定为同一个文件组 f1，当在文件组 f1 上创建了一个表，并对表中数据进行访问时，系统可以在不同的磁盘上实现并行访问，这样就能大大提高系统的性能。

在 SQL Server 2008 中，文件组有两种类型。

1．主文件组

主数据文件所在的组称为主文件组。在创建数据库时，如果用户没有定义文件组，系统会自动建立主文件组。当数据文件没有指定文件组时，默认都在主文件组中。

2．次文件组

用户定义的文件组称为次文件组。如果次文件组中的文件被填满，那么只有该文件组中的用户表会受到影响。

在创建表时，不能指定将表放在某个文件中，只能指定将表放在某个文件组中。因此，如果希望将某个表放在特定的文件中，必须通过创建文件组来实现。

数据库文件和文件组必须遵循以下的规则：

① 一个文件或文件组只能被一个数据库使用；

② 一个数据文件只能属于一个文件组；

③ 事务日志文件不能属于文件组。

3.1.3 数据库对象

1．数据库对象的含义

SQL Server 数据库中的数据在逻辑上被组织成一系列对象，当一个用户连接到数据库后，他所看到的是逻辑对象，而不是物理的数据库文件。数据库对象就是存储、管理和使用数据的不同结构形式，包括数据表、视图、存储过程、触发器、类型、规则、默认值和索引等。

在图 3-1 所示的窗口中，可看到 SQL Server 将服务器的数据库组织成一个逻辑结构，在该结构中有若干的节点，每个节点又包括很多子节点，它们代表与该特定数据库有关的不同类型的对象。

2．对象标识符

在 SQL Server 中的所有对象都需要命名。表 3-1 中列出的是已经命名的部分数据库对象。

图 3-1　SQL Server 2008 的数据库对象

表 3-1　部分命名对象

命 名 对 象		
Databases(数据库)	Tables(表)	Columns(列)
Rules(规则)	Constraints(约束)	Defaults(默认值)
Indexes(索引)	Filegroups(文件组)	Triggers(触发器)
Views(视图)	Servers(服务器)	Roles(角色)
Full-text catalogs (全文目录)	User Defined Functions (用户自定义函数)	User Defined Types (用户自定义类型)

3. 对象标识符的命名规则

在 SQL Server 2008 中，主要的命名规则如下：

（1）名称长度不能超过 128 个字符，本地临时表的名称不能超过 116 个字符。

（2）名称的第一个字符必须是英文字母、中文、下画线、@和#等符号；除第一个字符之外的其他字符，还可以包括数字、$。

（3）与 SQL Server 关键字相同或包含内嵌空格的名称必须使用双引号（""）或方括号（[ ]）。

说明：在 T-SQL 中，以 "@" 开头的变量表示局部变量；以 "@@" 开头的变量表示全局变量；以 "#" 开头的表示局部临时对象；以 "##" 开头的表示全局临时对象；所以，用户在命名数据库时不要以这些字符开头，以免引起混乱。

另外，SQL Server 可以在命名中嵌入空格，甚至有时可以使用关键字来命名，但建议避免这种命名方式，因为这可能带来混淆，甚至引起其他严重后果。

3.1.4　系统数据库

在 SQL Server 系统中，数据库可分为"系统数据库"和"用户数据库"两大类。用户数据库是用户自行创建的数据库，系统数据库则是 SQL Server 内置的，它们主要是用于系统管理。SQL Server 2008 中包括以下的系统数据库：

1．Master 数据库

Master 数据库用来追踪与记录 SQL Server 的相关系统级信息。这些信息包括：

（1）SQL Server 的初始化信息。

（2）所有的登录账户信息。

（3）所有的系统配置设置。

（4）其他数据库的相关信息。

由此可见，Master 数据库在系统中是非常重要的，如果 Master 数据库不可用，则 SQL Server 也将无法启动。因此，在使用 Master 数据库时，比如进行了数据库的创建、修改或删除操作、更改了服务器或数据库的配置值、修改或添加了登录账户等操作时，应随时对 Master 数据库进行最新备份。

2．Model 数据库

Model 数据库是所有新建数据库的模板，即新建的数据库中的所有内容都是从模板数据库中复制过来的。如果 Model 数据库被修改了，那么以后创建的所有数据库都将继承这些修改。

3．Msdb 数据库

Msdb 数据库是代理服务数据库，也是由 SQL Server 系统使用的数据库，通常由 SQL Server 代理用来计划警报和作业，也可以由如 Service Broker 和数据库邮件等功能来使用。另外，有关数据库备份和还原的记录也会写在该数据库里。

4．Tempdb 数据库

Tempdb 数据库用于为所有临时表、临时存储过程提供存储空间，也为所有其他临时存储要求提供空间。Tempdb 是一个全局资源，所有连接到 SQL Server 实例的用户都可以使用。

每次启动 SQL Server 时，系统都要重新创建 Tempdb，以保证该数据库为空。当 SQL Server 停止运行时，Tempdb 中的临时数据会自动删除。

5．Resource 数据库

Resource 数据库用来存储 SQL Server 所有的系统对象（如：以 sp_开头的存储过程）。该库是只读数据库，它不会存储用户数据或者用户的元数据。它与 Master 数据库的区别在于 Master 数据库存放的是系统级的信息，不是所有系统对象。

3.2 创建数据库

在 SQL Server 2008 中，创建数据库的方法有两种：一是使用 SQL Server Management Studio 中的"对象资源管理器"创建数据库；二是使用 T-SQL 语句创建数据库。前者是图形化界面操作，简单易学，适合初学者学习；后者需要对 T-SQL 语法非常熟悉，难度稍大，但对于高级用户，第二种方法使用起来更加得心应手。

3.2.1 在对象资源管理器中创建数据库

【例 3-1】 创建一个 DB 数据库，要求：将所有数据库文件创建在 D:\盘，其中 DB 数据库中包括一个主数据文件、一个次数据文件和一个日志文件；主数据文件和日志文件使用默认名或自定义；主数据文件的初始大小为 20MB，最大容量为 100MB，增量为 10%，日志文件的其他属性使用默认值；次数据文件名为 DB_D，属于 USER 组，其他属性使用默认值。

实施步骤如下：

（1）在"对象资源管理器"窗口中展开服务器，鼠标右键单击"数据库"节点，会出现如图 3-2 所示的快捷菜单。

图 3-2　"新建数据库"的快捷菜单

（2）单击"新建数据库"命令，在出现的对话框的"数据库名称"框内输入数据库名"DB"。在数据库文件列表中列出了该数据库的主数据文件和日志文件，SQL Server 2008 系统会默认产生主数据文件 DB.mdf 和日志文件 DB_log.ldf，并显示了这些文件的默认属性，如图 3-3 所示的对话框。

图 3-3　输入数据库名称 DB

（3）修改主数据文件的属性。单击"初始大小(MB)"框，输入"20"；单击"自动增长"框中的▢▢按钮，弹出"更改 DB 的自动增长设置"对话框，按如图 3-4 所示设置属性，然后单击"确定"按钮；单击"路径"框中的▢▢按钮，在弹出的"定位文件夹"对话框中选择"D:\"，然后单击"确定"按钮。

（4）增加文件组和次数据文件。在"新建数据库"对话框中单击"添加"按钮，在"数据库文件"列表的"逻辑名称"框中输入"DB1"；在"文件组"框中单击🔽按钮，选择"<新文件组>"命令，弹出如图 3-5 所示的对话框，在"名称"框中输入"USER"，单击"确定"按钮。

图 3-4 "更改 DB 的自动增长设置"对话框　　　　　图 3-5 新建 USER 文件组

如果要增加日志文件，其方法与增加次数据文件的操作类似，所不同的是日志文件不属于任何文件组。

（5）单击"确定"按钮可完成数据库的创建。

3.2.2 使用 CREATE DATABASE 语句创建数据库

CREATE DATABASE 命令的语法如下：

```
CREATE   DATABASE   数据库名                    —— 设置数据库的名称
[ON                                            —— 定义数据库的数据文件
   [PRIMARY]                                   —— 设置主文件组
   <数据文件描述符> [, ... n ]                  —— 设置数据文件的属性
     [, FILEGROUP 文件组名 <数据文件描述符> [, ... n ] ]
                                               —— 设置次文件组及数据文件的属性
]
[LOG   ON                                      —— 定义数据库的日志文件
   {<日志文件描述符>}  [ , ... n ]              —— 设置日志文件的属性
]
```

其中，<数据文件描述符> 和 <日志文件描述符> 为以下属性的组合：

```
( NAME =   逻辑文件名 ,                         —— 设置在 SQL Server 中引用时的名称
     FILENAME = '物理文件名'                     —— 设置文件在磁盘上存放的路径和名称
     [, SIZE = 文件初始容量]                     —— 设置文件的初始容量
     [, MAXSIZE = {文件最大容量 | UNLIMITED } ]  —— 设置文件的最大容量
     [, FILEGROWTH = 文件增长幅度 ] )            —— 设置文件的自动增量
```

该命令的选项说明如下：

（1）ON：用于定义数据库的数据文件。

（2）PRIMARY：用于指定其后所定义的文件为主数据文件，如果省略的话，系统将第一个定义的文件作为主数据文件。

（3）FILEGROUP：用于指定用户自定义的文件组。

（4）LOG ON：指定存储数据库日志的磁盘文件列表，列表中的<事务日志文件>用"，"分隔。如果不指定，则由系统自动创建事务日志文件。

（5）NAME：指定 SQL Server 系统引用数据文件或事务日志文件时使用的逻辑名，它是数据库在 SQL Server 中的标识。

（6）FILENAME：指定数据文件或事务日志文件的文件名和路径，而且该路径必须是某个 SQL Server 实例上的一个文件夹。

（7）SIZE：指定数据文件或事务日志文件的初始容量，可以是 KB、MB、GB 或 TB，默认单位为 MB，其值是一个整数值。如果主文件的容量未指定，则系统取 Model 数据库的主文件容量；如果是其他文件的容量未指定，则系统自动取 1MB 的容量。

（8）MAXSIZE：指定数据文件或事务日志文件的最大容量，可以是 KB、MB、GB 或 TB，默认单位为 MB。如果省略 MAXSIZE，或者指定为 UNLIMITED，则数据文件或事务日志文件的容量可不断增加，直到整个磁盘满为止。

（9）FILEGROWTH：指定数据文件或事务日志文件的增长幅度，可以是 KB、MB、GB、TB 或百分比（%），默认单位为 MB。当 FILEGROWTH=0 时，表示不让文件增长。增幅既可以用具体的容量表示，也可以用文件大小的百分比表示。默认情况下，系统按 1MB 或文件大小的 10%增长。任何小于 64KB 的增幅都近似成 64KB。

1．创建简单数据库

【例 3-2】 创建一个不带任何参数的数据库 DB1。

```
CREATE  DATABASE  DB1
```

由该命令创建的数据库，所有设置都采用默认值，其主数据文件名为 db1.mdf，初始容量为 3MB，最大容量为不限制，增幅为 1MB；事务日志文件名为 db1_log.ldf，初始容量为 1MB，最大容量为 2 097 152MB，增幅为 10%；数据库文件放在"数据库默认位置"里。

2．创建单个数据文件和日志文件的数据库

在创建以下数据库前，请先在 D 盘根目录里创建一个"TEST"的文件夹，因为下面实例里的数据库文件都将放在这个文件夹里。

【例 3-3】 创建一个数据库，指定数据库的数据文件所在位置。

```
CREATE  DATABASE  DB2
  ON
  ( NAME =DB2,
    FILENAME = 'D:\TEST\DB2.MDF'
  )
```

【例 3-4】 创建一个数据库，指定数据库的数据文件所在位置、初始容量、最大容量和文件增量。

```
CREATE  DATABASE  DB3
```

```
        ON
        ( NAME =DB3,
         FILENAME = 'D:\TEST\DB3.MDF',
         SIZE = 10,
         MAXSIZE = 50,
         FILEGROWTH = 5%
        )
```

【例3-5】 创建一个数据库，指定数据库的数据文件和日志文件的存放位置。

```
    CREATE   DATABASE   DB4
        ON
        ( NAME =DB3,
         FILENAME = 'D:\TEST\DB4.MDF',
         SIZE = 10,
         MAXSIZE = 50,
         FILEGROWTH = 5%
         )
    LOG   ON
        ( NAME = DB4LOG ,
        FILENAME = 'D:\TEST\DB4.LDF'
        )
```

3．创建多个数据文件和日志文件的数据库

【例3-6】 创建一个数据库，该库共包含三个数据文件和两个日志文件。

```
    CREATE   DATABASE   DB5
        ON
        ( NAME = DB51, FILENAME = 'D:\TEST\DB51.MDF' ,
         SIZE = 100, MAXSIZE = 200, FILEGROWTH = 20 ) ,
                            ——此处右括号后有逗号，表示继续创建数据文件
        ( NAME = DB52, FILENAME = 'D:\TEST\DB52.NDF' ,
         SIZE = 100, MAXSIZE = 200, FILEGROWTH = 20 ) ,
        ( NAME = DB53, FILENAME = 'D:\TEST\DB53.NDF' ,
         SIZE = 100, MAXSIZE = 200, FILEGROWTH = 20)
                            ——此处右括号后无逗号，表示结束创建数据文件
    LOG   ON
        ( NAME = DB5LOG1, FILENAME = 'D:\TEST\DB5LOG1.LDF') ,
                            ——此处右括号后有逗号，表示继续创建日志文件
        ( NAME = DB5LOG2, FILENAME = 'D:\TEST\DB5LOG2.LDF' ,
        SIZE = 50, MAXSIZE = 200, FILEGROWTH = 20 )
                            ——此处右括号后无逗号，表示结束创建日志文件
```

4．创建多文件组的数据库

【例3-7】 创建一个数据库，该库共包含三个数据文件和两个自定义文件组。

```
    CREATE   DATABASE   DB6
        ON
        ( NAME = DB61,FILENAME = ' D:\ TEST \DB61.MDF' ,
         SIZE = 100,MAXSIZE = 200,FILEGROWTH = 20) ,
```

```
      FILEGROUP  FDB61          ——创建次文件组，表示其后的次数据文件保存在 FDB61 组中
      (NAME = DB62,FILENAME = ' D:\ TEST \DB62.NDF',
      SIZE = 100,MAXSIZE = 200,FILEGROWTH = 20 ) ,
      FILEGROUP  FDB62          ——创建次文件组，表示其后的次数据文件保存在 FDB62 组中
      ( NAME = DB63,FILENAME = ' D:\ TEST \DB63.NDF',
       SIZE = 100,MAXSIZE = 200,FILEGROWTH = 20 )
```

3.3 修改数据库

创建数据库后，可以对它原来的定义进行修改。修改的主要内容包括以下几点：

（1）扩充数据库的数据或事务日志空间。

（2）收缩数据库的数据或事务日志空间。

（3）增加或减少数据文件和事务日志文件。

（4）更改数据库的配置设置。

（5）更改数据库的名称。

修改数据库可以在 SQL Server Management Studio 中修改，也可以用 T-SQL 语句修改。

3.3.1 在对象资源管理器中修改数据库

【例 3-8】 修改数据库 DB，要求：在数据库 DB 中增加一个文件组 USER2。

实施步骤如下：

（1）在"对象资源管理器"窗口中展开服务器，定位到要修改的数据库 DB。

（2）鼠标右键单击 DB 数据库，在弹出的快捷菜单中选择"属性"命令，会出现如图 3-6
所示的对话框。

图 3-6 "数据库属性"对话框

（3）在该对话框的"常规"选项卡里，可查看该数据库的基本信息。

（4）单击"文件"选项卡，会出现如图3-7所示的对话框。

图3-7 "文件"选项卡对话框

（5）在该对话框中，可以修改数据库文件的属性。其中，单击"添加"按钮可以增加数据文件和日志文件，单击"删除"按钮可以删除数据文件。

（6）单击"文件组"选项卡，单击"添加"按钮，在新增行的名称框中输入"USER2"，如图3-8所示，单击"确定"按钮即可增加一个次文件组。

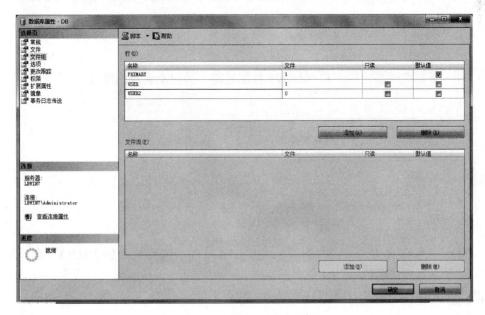

图3-8 "文件组"选项卡对话框

（7）在该对话框中，还可以指定默认文件组、修改现有文件组和删除文件组。

在修改数据库时，必须注意以下几点：

（1）如果是修改数据库文件属性，不能对文件类型、所属文件组和路径进行修改。

（2）主数据文件是不能删除的，日志文件也必须保留一个。

（3）如果是新建的文件组，不能设为默认文件组，因为它没有包含任何文件。

（4）PRIMARY 文件组不能设为只读，也不能进行删除操作。

（5）不能对默认文件组进行删除操作，如果要删除，必须先将其他文件组设为默认文件组。

（6）不能对非空的文件组进行删除操作，如果要删除，必须先删除文件组内的所有数据文件，保证该文件组为空。

3.3.2 使用 ALTER DATABASE 语句修改数据库

ALTER DATABASE 命令的基本语法如下：

```
ALTER   DATABASE   数据库名                      ——指定要修改的数据库名
{
    ADD   FILE   <数据文件描述符>  ［,…n］      ——增加数据文件
        ［TO   FILEGROUP 文件组名 |DEFAULT ］    ——将数据文件添加到指定的文件组
|  ADD   LOG   FILE  <日志文件描述符>  ［,…n］ ——增加事务日志文件
|  REMOVE   FILE   逻辑文件名                    ——删除文件
|  MODIFY   FILE   <数据文件描述符>             ——修改文件的逻辑名、大小和自动增量等
|  ADD   FILEGROUP   文件组名                    ——增加文件组
|  REMOVE   FILEGROUP   文件组名                 ——删除文件组
|  MODIFY   FILEGROUP   文件组名
    {  NAME =   新文件组名                       ——修改文件组的名称
    |  DEFAULT                                   ——将文件组设置为数据库的默认文件组
    |  <文件组属性>                              ——修改文件组的属性
    }
|  MODIFY   NAME = 新数据库名                    ——修改数据库的名称
}
```

其中，<数据文件描述符> 和 <日志文件描述符> 为以下属性的组合：

```
(
    NAME =   逻辑文件名 ,
    ［, NEWNAME = 新逻辑文件名]
    ［, FILENAME =  '物理文件名' ]
    ［, SIZE =   文件初始容量  ]
    ［, MAXSIZE =   { 文件最大容量 |UNLIMITED } ]
    ［, FILEGROWTH =   文件增长幅度  ]
)
```

<文件组属性>可取值 READ（只读）、READWRITE（读写）和 DEFAULT（默认）。

1．修改数据库的名称

【例 3-9】 将数据库 DB1 的数据库名称改为"DB8"。

```
    ALTER   DATABASE   DB1
```

```
MODIFY   NAME = DB8
```

2．增加数据文件、事务日志文件

【例 3-10】 在数据库 DB8 中增加一个数据文件和一个事务日志文件。

在增加数据文件时，如果不指定 TO FILEGROUP 文件组名，那么所增加的文件属于主文件组。

```
ALTER   DATABASE   DB8
    ADD   FILE   ( NAME = DB81 ，  FILENAME = 'D:\TEST \DB81.NDF')
ALTER   DATABASE   DB8
    ADD   LOG   FILE ( NAME = DB8LOG1 , FILENAME = 'D:\TEST \DB8LOG1.LDF')
```

3．增加文件组

【例 3-11】 在数据库 DB8 中增加一个名为 "FDB8" 的文件组。

```
ALTER   DATABASE   DB8
    ADD   FILEGROUP   FDB8
```

4．修改文件组的名称

【例 3-12】 将数据库 DB8 中的 FDB8 文件组的名称改为 "FG8"。

```
ALTER   DATABASE   DB8
    MODIFY   FILEGROUP   FDB8   NAME = FG8
```

5．增加数据文件到文件组

【例 3-13】 在数据库 DB8 中增加两个数据文件到文件组 "FG8" 中，并将该文件组设为默认文件组。

```
ALTER   DATABASE   DB8
    ADD   FILE ( NAME= DB82 ，  FILENAME= 'D:\TEST \DB82.NDF') ，
              ( NAME= DB83 ，  FILENAME= 'D:\TEST \DB83.NDF')
    TO   FILEGROUP   FG8
GO
ALTER   DATABASE   DB8
    MODIFY   FILEGROUP   FG8   DEFAULT
```

6．修改数据库文件的名称

【例 3-14】 将数据库 DB8 中增加的 "DB83" 的数据库文件名称改为 "DDD"。

```
ALTER   DATABASE   DB8
    MODIFY   FILE (NAME= DB83, NEWNAME= DDD, FILENAME= 'D:\TEST \DDD.NDF')
```

7．删除数据文件和事务日志文件

【例 3-15】 将数据库 DB8 的文件组 "FG8" 中的数据文件 "DB82" 删除，并将事务日志文件 "DB8LOG1" 删除。

```
ALTER   DATABASE   DB8
    REMOVE   FILE   DB82
ALTER   DATABASE   DB8
    REMOVE   FILE   DB8LOG1
```

8．删除文件组

【例 3-16】 将数据库 DB8 中的文件组"FG8"删除。

```
ALTER  DATABASE  DB8        ——DB8 是默认文件组，先将 PRIMARY 文件组设为默认文件组
    MODIFY  FILEGROUP  ［PRIMARY］  DEFAULT
GO
ALTER  DATABASE  DB8        ——删除 FG8 文件组中的"DDD"数据文件
    REMOVE  FILE  DDD
GO
ALTER  DATABASE  DB8        ——删除空文件组"FG8"
    REMOVE  FILEGROUP  FG8
```

3.4 删除数据库

当数据库不再需要使用时，就可以将其从 SQL Server 服务器上删除。数据库的删除是彻底地将相应的数据库文件从物理磁盘中删除，是永久性、不可恢复的，所以，用户应当小心使用删除操作。

3.4.1 在对象资源管理器中删除数据库

【例 3-17】 删除数据库 DB2。

实施步骤如下：

（1）在"对象资源管理器"窗口中展开服务器，定位到要删除的数据库 DB2。

（2）鼠标右键单击数据库 DB2，在弹出的快捷菜单中选择"删除"命令，会出现如图 3-9 所示的对话框。

图 3-9 "删除对象"对话框

（3）单击"确定"按钮即可完成删除操作。

如果在如图 3-9 所示的"删除对象"对话框的下方勾选了"删除数据库备份和还原历史记

录信息"选项，那么在删除数据库的同时，也将从"Msdb"数据库中删除该数据库的备份和还原历史记录。

如果勾选了"关闭现有连接"选项，在删除数据库前，SQL Server会自动将所有与该数据相连的连接全部关闭后，再删除数据库。如果没有勾选该项，而且有其他活动连接，在删除数据库时，将会出现如图3-10所示的错误信息。

图3-10 删除数据库时的出错信息框

3.4.2 使用 DROP DATABASE 语句删除数据库

DROP DATABASE 命令的语法如下：

DROP DATABASE 数据库名［, ... n］

【例3-18】 将数据库 DB3、DB4、DB5、DB6、DB7 删除。

DROP DATABASE DB3,DB4,DB5,DB6,DB7

3.5 查看数据库信息

3.5.1 在对象资源管理器中查看数据库信息

【例3-19】 查看数据库 DB2 的基本信息。

实施步骤如下：

（1）在"对象资源管理器"窗口中展开服务器，定位到要查看的数据库 DB2。

（2）鼠标右键单击数据库 DB2，在弹出的快捷菜单中选择"属性"命令，会出现如图3-6所示的对话框。

（3）在该对话框的"常规"选项卡里，可看到该数据库的基本信息，如数据库备份信息，数据库的名称、状态、所有者，创建数据库的时间、大小、所有数据文件和日志文件剩余的可用空间大小、连接到数据库的用户数等信息。

（4）单击"确定"按钮，关闭对话框。

3.5.2 用 T-SQL 语句查看数据库信息

T-SQL 语句的语法如下：

［EXEC］ sp_helpdb ［［ @dbname= ］ 'name'］

其中：[@dbname=] 'name' 用于指定要查看其信息的数据库名称。如果未指定 name，则显示 SQL Server 服务器上所有数据库的信息。

【例 3-20】 查看指定数据库的信息，如图 3-11 所示。

EXEC　sp_helpdb　DB

图 3-11　查看指定数据库的信息

【例 3-21】 查看服务器上所有数据库的信息，如图 3-12 所示。

EXEC　sp_helpdb

图 3-12　查看服务器上所有数据库的信息

3.6 备份与还原数据库

近年来计算机软件和硬件系统的可靠性都有了很大改善，但即使是最可靠的软件和硬件，也可能会出现系统故障和产品故障问题。同时，还存在其他一些可能造成数据丢失的因素，如用户的错误操作和蓄意破坏、病毒攻击和自然界不可抗力等。因此，为了保证在发生这些意外时可以最大限度地挽救数据，用户必须定期对数据库进行备份。当数据丢失或被破坏后，可以从数据库备份中将数据库恢复到原来的状态。另外，除了保护数据库安全外，在制作数据库副本和在不同服务器之间移动数据库时，也要用到数据库备份。SQL Server 2008 提供了强大的数据库备份和还原功能。

3.6.1 备份数据库

1．数据库备份的类型

SQL Server 2008 提供了四种备份数据库的方式。

（1）完整备份：备份整个数据库的所有内容，包括事务日志。该备份类型需要比较大的存储空间，而且备份的时间也比较长。

（2）差异备份：是完整备份的补充，差异备份只备份上次完整备份后更改的数据。差异备份比完整备份的数据量小，因此速度较快，可以经常使用，以减少丢失数据的危险。

（3）事务日志备份：事务日志备份只备份事务日志里的内容。事务日志记录了上一次完整备份或事务日志备份后数据库的所有变动过程。可以使用事务日志备份将数据库恢复到故障点。但在做事务日志备份前，也必须先做完整备份。在还原数据时，除了先要还原完整备份之外，还要依次还原每个事务日志备份，而不是只还原最近一个事务日志备份。

（4）文件和文件组备份：该方式只备份数据库中的某些文件，由于每次只备份一个或几个文件或文件组，因此可分多次来备份数据库，避免大型数据库备份的时间过长。当数据库文件非常庞大时，采用该备份方式很有效。当数据库里的某些文件损坏时，可以只还原被损坏的文件或文件组，从而加快恢复速度。

2．设计备份策略

在备份数据库时，应该考虑以下几个问题：

① 数据库备份的时间；

② 数据库备份的时间间隔；

③ 数据库备份的方式；

④ 数据库备份的地方。

备份数据库会占用系统资源，如果有很多人在使用数据库时最好不要备份数据库。

如果数据库里改变的数据量不大，可以每周做一次完整备份，然后每天下班前做一次差异备份或者事务日志备份，这样，一旦数据库发生损坏，也可以将数据恢复到前一天下班时的状态。

如果数据库中的数据变动比较频繁，此时，可以使用三种备份方式交替使用的方法来备份数据库。例如每天下班时做一次完整备份，在两次完整备份之间每间隔 8 个小时做一次差异备份，在两次差异备份之间每隔一个小时做一次事务日志备份。这样，一旦数据损坏可以将数据恢复到最近一个小时以内的状态，同时又能减少数据库备份数据的时间和备份数据文件的大小。

如果数据库文件过大，可以分别备份数据库文件或文件组，将一个数据库分多次备份。例如一个数据库中，某些表里的数据变动得很少，而某些表里的数据却又经常改变，那么可以将这些数据表分别存储在不同的文件或文件组里，然后通过不同的备份频率来备份这些文件和文件组。

在 SQL Server 2008 中可以将数据备份到磁盘或磁带。如果要将数据库备份到磁盘，有两种方式：一是"文件"方式；二是"备份设备"方式。这两种方式在磁盘中都体现为文件形式。

3. 创建备份设备

【例 3-22】 在"D:\TEST"下创建一个磁盘备份设备，其物理备份设备名为"mydb_back.bak"，逻辑备份设备名为"mydb_back"。

实施步骤如下：

（1）在"对象资源管理器"窗口中展开服务器，定位到"服务器对象"→"备份设备"。

（2）鼠标右键单击"备份设备"，选择"新建备份设备"命令，会出现如图 3-13 所示的对话框，在"设备名称"框中输入逻辑备份设备名"mydb_back"。

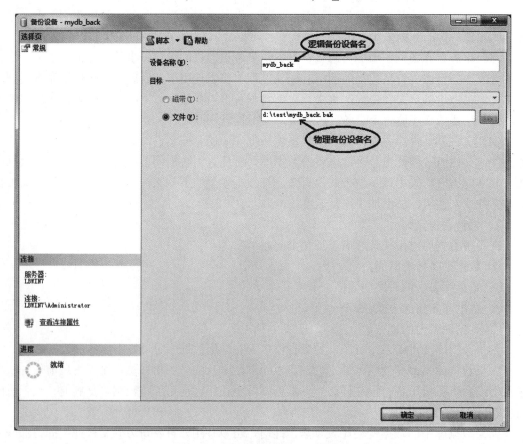

图 3-13 创建"备份设备"对话框

（3）在"目标"区的"文件"框中，输入物理备份设备名"D:\TEST\mydb_back.bak"。

（4）单击"确定"按钮即完成备份设备的创建。

（5）在"对象资源管理器"的"备份设备"节点中，可查看新建的备份设备，如图 3-14 所示。

4．在对象资源管理器中备份数据库

【例 3-23】 将数据库 DB 完整备份到 mydb_back 备份设备中，要求：备份在 90 天后过期。

实施步骤如下：

（1）在"对象资源管理器"窗口中展开服务器，定位到"DB"数据库。

（2）鼠标右键单击"DB"数据库，在弹出的快捷菜单中选择"任务"→"备份"命令，会出现如图 3-15 所示的对话框。

图 3-14 新建的备份设备 mydb_back

图 3-15 "备份数据库"对话框

（3）选择要备份的类型。在对话框的"备份类型"下拉列表中，选择"完整"备份。在"备份类型"下拉列表中除了"完整"以外，还有"差异"和"事务日志"共三种备份类型。如果要进行文件和文件组备份，则选择"文件和文件组"单选按钮，此时会出现如图 3-16 所示的对话框，在该对话框里可以选择要备份的文件和文件组，选择完毕，单击"确定"按钮返回到如图 3-15 所示的对话框。

（4）设置备份的过期时间。在对话框的"备份集"区域的"晚于天数"框中输入"90"，表示 90 天后过期。

在该区域里，还可以设置备份集的名称、对备份集的说明内容以及备份在哪一天过期。在"晚于天数"框里可以输入的值为 0 到 99999，如果为 0 则表示不过期。

（5）选择数据库备份的位置。默认情况下，数据库将备份到"c:\program files\Microsoft SQL Server\MSSQL10_50.MSSQLSERVER\MSSQL\Backup\DB.bak"中，在本例中需要单击"删除"按钮将其删除。之后，再单击"添加"按钮会出现如图 3-17 所示的对话框。在该对话框中，选择"mydb_back"备份设备，单击"确定"按钮返回到如图 3-18 所示的对话框，在"目标"区域的"备份到"列表框中选择"mydb_back"。

图 3-16 "选择文件和文件组"对话框

图 3-17 "选择备份目标"对话框

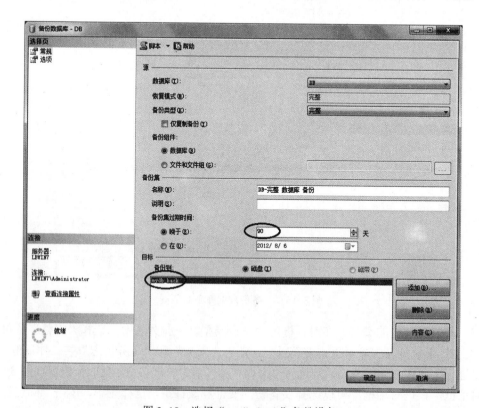

图 3-18 选择"mydb_back"备份设备

（6）单击"确定"按钮，开始备份数据库。当备份完成后，系统会给出如图 3-19 所示的提示框。

图 3-19　备份数据库完成提示框

3.6.2　还原数据库

1．还原数据库的方式

当数据库的软硬件出了故障或者是因为做了大量的误操作时，都需要将数据库还原到最初的状态。还原数据库的方式有以下几种：

（1）完整备份的还原。无论是完整备份、差异备份还是事务日志备份的还原，在第一步都要先做完整备份的还原。完整备份的还原只需要还原完整备份文件即可。

（2）差异备份的还原。差异备份的还原需要两个步骤：一是先还原完整备份；二是还原最后一次所做的差异备份。只有这样，才能让数据库里的数据恢复到与最后一次差异备份时相同的内容。

（3）事务日志备份的还原。事务日志备份的还原比较复杂，需要的步骤较多。例如某个数据库在每个周日做一次完整备份，每天晚上 21 点做一次差异备份，在白天里每隔三个小时做一次事务日志备份。假设在周五早上 8 点上班时发现数据库发生故障，那么还原数据库的步骤应该是：①恢复周日所做的完整备份；②恢复周四晚上所做的差异备份；③依次恢复周四差异备份之后的事务日志备份，即周四晚上 24 点、周五早上 3 点和周五早上 6 点所做的事务日志备份。

（4）文件和文件组备份的还原。如果只有数据库中的某个文件或文件组损坏了，那么可使用该还原模式。

2．在对象资源管理器中还原数据库

在还原数据库之前，应注意两点：一是找到要还原的备份设备或文件，检查其备份集是否正确无误；二是查看数据库的使用状态，查看是否有其他人在使用，如果有，则无法还原数据库。

【例 3-24】　将例 3-23 中进行了完整备份的 DB 数据库恢复到一个新的数据库 newDB 中，DB 数据库的物理备份设备名为 "D:\TEST\mydb_back.bak"。

实施步骤如下：

（1）在"对象资源管理器"中删除或分离 DB 数据库（其目的是保证该库没有被使用）。

（2）在"对象资源管理器"中新建一个"newDB"数据库。

（3）鼠标右键单击该数据库，在弹出的快捷菜单中选择"任务"→"还原"→"数据库"命令，会出现如图 3-20 所示的对话框。

图 3-20　"还原数据库"对话框

（4）在该对话框的"还原的源"区域中选择"源设备"，并在其右侧的框中输入"D:\TEST\mydb_back.bak"，或者通过单击 按钮，在出现的"指定备份"对话框中添加备份位置，如图 3-21 所示，单击"确定"按钮返回到图 3-20 所示的对话框。

图 3-21　"指定设备"对话框

（5）单击图 3-20 左侧的"选择页"区域中的"选项"，在出现的对话框中勾选"覆盖现有数据库"选项，如图 3-22 所示。

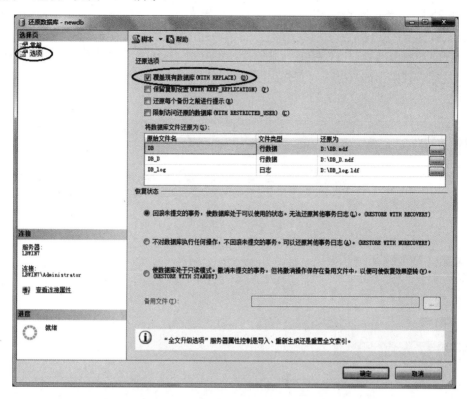

图 3-22　在"还原数据库"对话框中设置选项

（6）单击"确定"按钮即可完成还原数据库的操作，如图 3-23 所示。

图 3-23　成功还原数据库后的消息框

3.7　分离与附加数据库

在一台计算机上设计完数据库后，如果要在另一台计算机上使用，可以用分离与附加数据库的办法，先从这台计算机上将数据库分离出来，然后再附加到另一台计算机上。如果在 SQL Server 服务器上的一个数据库暂时不用，也可以将它先分离出来，以减少 SQL Server 服务器的负担，等到要用时，再附加上去。下面只介绍在对象资源管理器中分离与附加数据库的方法。

3.7.1 分离数据库

【例 3-25】 将数据库 newDB 从服务器上分离出来。

实施步骤如下：

（1）在"对象资源管理器"中展开服务器，定位到"newDB"数据库。

（2）鼠标右键单击该数据库，在弹出的快捷菜单中选择"任务"→"分离"命令，会出现如图 3-24 所示的对话框。

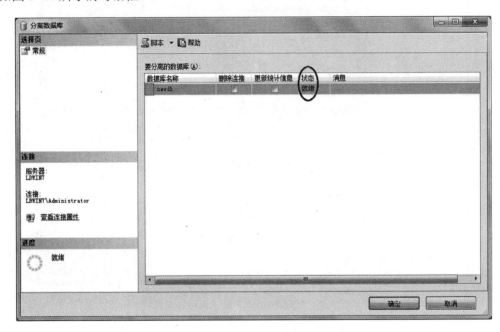

图 3-24 "分离数据库"对话框

（3）在该对话框中，如果在"状态"列显示"就绪"，则表示可以正常分离，单击"确定"按钮即可完成分离操作。

分离数据库后，刷新"对象资源管理器"，会发现"newDB"数据库已经不在该窗口里了，说明分离成功。

注意，如果有用户与数据库连接，在"状态"列显示"未就绪"，此时分离数据库会操作失败，在单击"确定"按钮后会出现如图 3-25 所示的对话框。

图 3-25 分离数据库失败消息框

如果要顺利分离数据库，需要勾选"删除连接"列，如图 3-26 所示。

图 3-26 "分离数据库"未就绪对话框

3.7.2 附加数据库

【例 3-26】 将数据库 newDB 附加到服务器上。

实施步骤如下：

（1）在"对象资源管理器"中展开服务器，定位到"数据库"节点。

（2）鼠标右键单击"数据库"，在弹出的快捷菜单里选择"附加"命令，会出现如图 3-27 所示的"附加数据库"对话框。

图 3-27 "附加数据库"对话框

（3）单击"添加"按钮，会出现如图 3-28 所示的对话框。

图 3-28 "定位数据库文件"对话框

（4）在该对话框中，默认只显示了数据库的主数据文件，即"DB.mdf"文件，选择要附加的数据文件，单击"确定"按钮后，会返回到"附加数据库"对话框，如图 3-29 所示，此时可看到数据库文件已添加进去了。

图 3-29 添加了数据文件的"附加数据库"对话框

（5）单击"确定"按钮即可完成附加操作。

说明：在数据库的主数据文件中存放了其他文件的相关信息，所以在附加数据库时，只要指定了主数据文件，其他文件的位置也就都知道了。但是，如果在数据库分离后，移动了其他文件，就会出现"找不到"的提示，这时需要用户自己手动查找文件了。

【课后习题】

一、填空题

1. SQL Server 的系统数据库有：＿＿＿＿＿＿、＿＿＿＿＿＿、＿＿＿＿＿＿、＿＿＿＿＿＿和＿＿＿＿＿＿。

2. 数据库中的数据库文件有三类：＿＿＿＿＿＿、＿＿＿＿＿＿和＿＿＿＿＿＿。

3. 事务日志文件的作用是：＿＿＿＿＿＿＿＿。

4. 创建数据库的命令是：＿＿＿＿＿＿＿＿。

5. 修改数据库的命令是：＿＿＿＿＿＿＿＿。

6. 删除数据库的命令是：＿＿＿＿＿＿＿＿。

7. 查看 XSCJ 数据库信息的存储过程命令是＿＿＿＿＿＿＿＿＿＿。

8. 删除文件组前必须保证该文件组＿＿＿＿＿＿，若该文件组中有文件，则应先＿＿＿＿＿＿。

9. 在增加数据文件时,如果用户没有未指明文件组,则系统将该数据文件增加到＿＿＿＿＿文件组。

10. 找回被删除表的唯一方法是事先做好数据库的＿＿＿＿＿＿＿＿工作。

二、选择题

1. 当数据库损坏时，数据库管理员可通过何种方式恢复数据库（　　　）。
   A．事务日志文件　　　　　　　　B．主数据文件
   C．DELETE 语句　　　　　　　　D．联机帮助文件

2. 下面关于 tempdb 数据库描述不正确的是（　　　）。
   A．是一个临时数据库　　　　　　B．属于全局资源
   C．没有权限限制　　　　　　　　D．是用户建立新数据库的模板

3. 使用"CREATE DATABASE AAA"命令所建立数据库文件的初始大小是（　　　）字节。
   A．1M　　　　B．2M　　　　　C．3M　　　　　D．4M

4. SQL Server 2008 的物理存储主要包括（　　　）三类文件。
   A．主数据文件、次数据文件和事务日志文件
   B．主数据文件、次数据文件和文本文件
   C．表文件、索引文件和存储过程
   D．表文件、索引文件和图表文件

5. 数据库中的数据在哪种情况下可以被删除?（　　　）
   A．当有用户使用此数据库时　　　　B．当数据库正在恢复时
   C．当数据库正在参与复制时　　　　D．当数据库被设置为只读时

6. 用来显示数据库信息的系统存储过程是（　　　）。
   A．sp_dbhelp　　　　B．sp_db　　　　　C．sp_help　　　　D．sp_helpdb

7. 在修改数据库时不能完成的操作是（　　　　）。

　　A. 添加或删除数据和事务日志文件　　　　B. 更改数据库名称

　　C. 更改数据库的所有者　　　　　　　　　D. 更改数据库的物理路径

8. 在创建数据库时，用来指定数据库文件物理存放位置的参数是（　　　　　）。

　　A. FILEGROWTH　　　　　　　　　　　　B. FILENAME

　　C. NAME　　　　　　　　　　　　　　　D. FILE

三、判断题

1. 创建数据库时，FILEGROWTH 参数是用来设置数据库的最大容量的。

2. 创建数据库时，不需要指定逻辑名和物理名。

3. 当数据文件没有指定文件组时，默认都在主文件组中。

4. 事务日志文件不属于任何文件组。

5. 用户可以创建若干个主文件组。

6. 在数据库中可以没有事务日志文件，也可以没有次数据文件。

7. 修改数据库文件时，可以对文件类型、所属文件组和路径进行修改。

8. 除了不能删除默认文件组外，可以删除任何文件组。

9. 主数据文件不能被删除，且日志文件也必须保留一个。

【课外实践】

任务 1： 用命令方式创建 TESTDB 数据库，其具体要求见表 3-2。

表 3-2　数据库文件

数据库文件	逻辑名称	物理名称	初始长度	最大长度	增量
主文件组	TD1	E:\SQL\TD1.MDF	5MB	20MB	10%
主文件组	TD2	E:\SQL\TD2.NDF	10MB	30MB	2MB
USER1 文件组	TD3	E:\SQL\TD3.NDF	5MB	不受限制	2MB
日志文件	TLOG	E:\SQL\TLOG.LDF	4MB	不受限制	20%

任务 2： 用命令方式修改 TESTDB 数据库。

1. 在数据库 TESTDB 中增加一个 U3 文件组。

2. 将数据库 TESTDB 中的文件组 U3 更名为 U2。

3. 将数据库 TESTDB 中的数据文件 TD2 的初始大小改为 20MB，最大容量为 100MB，增长幅度为 15%。

4. 将数据库 TESTDB 的数据库名改为 GLDB。

　　任务 3： 将 GLDB 数据库从服务器上分离。

　　任务 4： 将 GLDB 数据库附加到服务器上。

　　任务 5： 在 E:\SQL 下创建一个磁盘备份设备，其物理备份名为 "GLDB_back.bak"，逻辑备份名为 "GLDB_back"。

　　任务 6： 将 GLDB 数据库完整备份到 "GLDB_back" 备份设备中，要求永不过期。

第 4 章　数据表的创建与管理

📐【学习目标】
- 了解数据表的基本类型
- 掌握数据表的创建、修改、查看和删除
- 掌握数据表中数据的添加、修改和删除
- 掌握数据表中约束的添加、修改和删除

4.1　SQL Server 2008 表概述

在 SQL Server 2008 中，数据表按用途可以分为系统表、用户表、已分区表和临时表四类。

（1）系统表：系统表是用于存储服务器的配置信息、数据表的定义信息的一组特殊表。它是只读的，不允许用户更改，它们的作用是维护 SQL Server 2008 服务器和数据库正常工作。

（2）用户表：用户自己创建和维护的表。

（3）已分区表：已分区表是将超大表按照某种业务规则分别存储在不同的文件组中，以提高性能和方便管理。它是将一个表分为两个或多个表，这些表在物理上来说是多个表，但是从逻辑上来说，是同一个表。当一个超大表被拆分为多个相对较小的表时，对单个表的维护工作更加有效和容易。

（4）临时表：临时表是一种因为暂时需要所产生的数据表，它存放在 Tempdb 数据库中，当使用完临时表且关闭连接后，系统会自动删除临时表。根据使用范围的不同，临时表可分为两种：一是本地临时表，以"#"开头命名，只有创建它的用户可以使用它；二是全局临时表，以"##"开头命名，在创建后，任何用户和连接都可以使用它。

在第 1 章中我们已经了解到，数据表是一张二维表，它由行和列组成。在创建数据表时，最主要的工作就是设计表的结构即设计列，包括列名、列的数据类型和列的属性等。

4.1.1　数据类型

数据类型是指用于存储、检索及解释数据值类型的预先定义的命名方法，它决定了数据在计算机中的存储格式，代表不同的信息类型。在 SQL Server 2008 中，数据类型通常指列、存储过程参数和局部变量的数据特征。

在 SQL Server 2008 中，数据类型分为两大类：一是系统数据类型，即由系统定义，提供给用户使用的数据类型；二是用户自定义类型，即用户根据自己的需要自定义的数据类型。

1. 系统数据类型

在 SQL Server 中，为列选择合适的数据类型尤为重要，因为它影响着系统的空间利用、性能、可靠性和是否易于管理等特性。因此，在开发一个数据库系统之前，最好能够真正理解各种数据类型的存储特征。

在表中创建列或者声明一个局部变量时，都必须为它选择一种数据类型，选择数据类型后，就确定了如下特性：

① 在列中可以存储何种数据（数字、字符串、二进制串、位值或日期值）。

② 对于数值或日期数据类型，确定了允许在列中使用值的范围。

③ 对于字符串和十六进制数据类型，确定了允许在列中存储的最大数据长度。

表 4-1 列出了 SQL Server 2008 支持的所有数据类型，用户应该先对它们有一个总体上的印象。

表 4-1　SQL Server 2008 的系统数据类型

数　据　类　型	定　义　标　识	存　储　长　度
整数型	bigint int smalint tinyint	占 8B，取值范围为$-2^{63} \sim 2^{63}-1$ 占 4B，取值范围为-2 147 483 648 ~ 2 147 483 647 占 2B，取值范围为-32 768 ~ 32 767 占 1B，取值范围为 0 ~ 255
位类型	bit	占 1B，存放逻辑值，只能取 0、1 和 NULL
精确数型	decimal(p,s) numeric(p,s)	长度可变，固定精度，取值范围为$-10^{38}-1 \sim 10^{38}-1$
浮点数型	float(n) real(n)	长度可变，近似小数，取值范围为-1.79E+308 ~ 1.79E+308
字符型	char(n) varchar(n) text	存放固定长度的字符数据，n 的取值范围为 1~8 000 存放可变长度的字符数据，n 的取值范围为 1~8 000 存放最大长度为$2^{31}-1$ 的字符数据
Unicode 宽字符型	nchar(n) ncarchar (n) ntext	存放固定长度的字符数据，n 的取值范围为 1~4 000 存放可变长度的字符数据，n 的取值范围为 1~4 000 存放最大长度为$2^{30}-1$ 的字符数据
二进制型	binary(n) varbinary (n) image	存储定长二进制数据，n 的取值范围为 1~8 000 存储变长二进制数据，n 的取值范围为 1~8 000 存放最大长度为$2^{31}-1$ 的二进制数据，可使用 varbinary (max)代替
货币型	money smallmoney	占 8B，取值范围为$-2^{63} \sim 2^{63}-1$，精确到 4 个小数位 占 4B，取值范围为-2 147 483 648 ~ 2 147 483 647
日期类型	date	占 3B，日期取值为 0001 年 1 月 1 日~9999 年 12 月 31 日
时间类型	time	占 3~5B，时间取值为 00:00:00.000 000 0~23:59:59.999 999 9
日期时间类型	datetime datetime2 smalldatetime datetimeoffset	占 8B，日期为从 1753 年 1 月 1 日~ 9999 年 12 月 31 日，精确到 0.03s 占 6~8B，支持更大的日期范围和更高的时间精度，精确到 100ns 占 4B，日期为 1900 年 1 月 1 日~2079 年 6 月 6 日，精确到分钟 占 8~10B，类似 datetime，时间在内部存储为 UTC 时间
时间戳型	timestamp	占 8B，给定数据库的唯一特定值
特殊类型	uniqueidentifier	占 16B，特殊的全局唯一标识符（GUID），是由 SQL Server 根据计算机网络适配器地址和 CPU 时钟产生
	table	用于存储结果集，通常作为用户自定义函数结果输出或作为存储过程的参数。在表的定义中不作为可用的数据类型
	hierarchyid	维护层次结构位置信息的特殊数据类型
	sql_variant	用于存储其他数据类型的值(不包括 text、ntext、image、timestamp 和 sql_variant)。当列或函数需要处理多种数据类型时可使用这种数据类型
	XML	用于保存整个 XML 文档；用于针对 XML 模式的数据验证和使用特殊的面向 XML 的函数
	CLR	随 CLR 对象的特性而变，CLR 对象支持基于自定义数据类型的 CLR
	cursor	占 1B，指向游标的指针

提示：表中的 Date、Time、DateTime2 和 DateTimeOffset 是在 SQL Server 2008 中新引入的 4 种时间和日期数据类型。Unicode 是一种在计算机上使用的字符编码。它为每种语言中的每个字符设定统一并且唯一的二进制编码，以满足跨语言、跨平台进行文本转换和处理的要求。

2. 自定义数据类型

在 SQL Server 2008 中，除了使用系统数据类型外，还允许用户根据需要自己定义数据类型，并且可以用自定义数据类型来声明变量或字段。但自定义数据类型只允许用户通过已有的数据类型来派生，而不是定义一个具有新的存储及检索特性的类型。例如在一个数据库中，有许多数据表都需要用到 vchar（100）的数据类型，那么用户就可以自己定义一个数据类型，比如 vc100 来代表 vchar（100），之后，在所有数据表里需要用到 vchar（100）的列时，都可以将其设为 vc100。

4.1.2 列的属性

数据表的列具有若干属性，包括是否允许空属性、默认值属性和标识属性等。

1. 允许空属性

允许空属性声明该列是不是必填的列。其值为 NULL，表示该列可以为空；其值为 NOT NULL，表示该列不能为空，必须填入内容。

注意：NULL 是表示数值未知，没有内容，它既不是零长度的字符串，也不是数字 0，只意味着没有输入。它与空字符串不一样，空字符串是一个字符串，只是里面内容是空的。

如果某列不允许空值，用户在向表中插入数据时，必须在该列中输入一个值，否则该记录不能被数据库接收，会弹出类似如图 4-1 所示的错误提示框。

在 SQL Server 2008 中，列的默认情况为"允许空值"。

2. 默认值属性

在 SQL Server 2008 中，可以给列设置默认值。如果某列已设置了默认值，当用户在数据表

图 4-1 违反"允许空属性"的提示框

中插入记录时，没有给该列输入数据，那么系统会自动将默认值填入该列。

3. 标识属性

在 SQL Server 2008 中，可以将列设置为标识属性。如果某列已设置为标识属性，那么系统会自动地为该列生成一系列数字。这些数字在该表中能唯一地标识一行记录。设置了标识属性的列称为标识列。列的标识属性由两部分组成：一个是初始值，另一个是增量。初始值用于数据表标识列的第一行数据，以后每行的值依次为初始值加上增量。

说明：不是任何列都可以设置为标识列，这取决于该列的数据类型。只有数据类型为 bigint、int、smallint、tinyint、decimal 和 numeric 的列，才可以设置为标识列。指定为标识列后，不能再指定允许空（NULL）属性，系统自动指定为 NOT NULL。

4.1.3 表约束

为了减少输入错误、防止出现非法数据，可以在数据表的列字段上设置约束。例如：在 XSQK 表的"学号"列上设置了主键约束，这样就可以保证该列中不出现空值和重复的数据。

表约束是为了保证数据库中数据的一致性和完整性而实现的一套标准机制。

1．表约束的类型

在 SQL Server 2008 中，表约束有四种：主键约束、唯一性约束、外键约束、检查约束。

（1）主键约束。主键能够唯一标识数据表中每一行的列或列的组合。所以，定义为主键的列或列的组合既不能为空值，也不能为重复的值。应该注意的是当主键是由多个列组成时，某一列上的数据可以重复，但其组合仍是唯一的。主键约束实现了实体完整性规则。

在一个数据表上只能定义一个主键，并且系统会自动为主键列创建索引，在默认情况下创建为聚集索引（clustered）。

（2）唯一性约束。它用于保证列中不会出现重复的数据。在一个数据表上可以定义多个唯一性约束，定义了唯一性约束的列可以取空值。唯一性约束实现了实体完整性规则。

如果数据表的某列定义了唯一性约束，则系统会自动为该列创建索引，在默认情况下创建为非聚集索引（nonclustered）。

唯一性约束与主键约束的区别有两点：一是在一个表中可以定义多个唯一性约束，但只能定义一个主键；二是定义了唯一性约束的列可以输入空值（NULL），而定义了主键约束的列则不能。

（3）外键约束。它是用于建立和强制两个表之间的关联的一个列或多个列。也就是说，将数据表中的某列或列的组合定义为外键，并且指定该外键要关联到哪一个表的主键字段上。

定义为主键的表称为主表，定义为外键的表称为从表（也称为相关表或明细表）。设置了外键约束后，当主表中的数据更新后，从表中的数据也会自动更新。外键约束实现了参照完整性规则。

（4）检查约束。它通过限制列上可以输入的数据值来实现域完整性规则。检查约束的实质就是在列上设置逻辑表达式，以此来判断输入数据的合法性。

2．创建表约束的方法

创建表约束的方法主要有三种：一是在新建表时，在单个列定义之后，紧接着定义约束；二是在新建表时，在所有列定义完之后，再定义约束；三是在已经创建好的表上定义约束，通过修改该表的方式添加约束。

通常把非空属性和默认值属性也看成约束。非空约束只能在单个列定义之后定义；默认值约束只能在单个列定义之后定义和通过修改表的方式添加。

4.2　创建数据表和表约束

创建数据表一般分两个步骤进行：一是设计和定义表结构；二是向表中添加数据。下面以具体的实例来介绍数据表的创建。

4.2.1　在对象资源管理器中创建表和表约束

【例 4-1】　在 XSCJ 数据库中，创建一个名为"XSQK"的学生情况表，其表结构和列属性见表 4-2。

表 4-2　学生情况表 XSQK 的结构描述

列名	数据类型	长度	属性			约束
			是否允许为空值	默认值	标识列	
序号	int	4			初值、增量均为 1	
学号	char	10	×	无		主键
姓名	varchar	10	×	无		
性别	bit	1	×	1		
出生日期	smalldatetime	4	×	无		
专业名	varchar	20	×	无		
所在系	varchar	20	×	无		
联系电话	char	11	√	无		
总学分	tinyint	1	√	无		0~200
备注	varchar	50	√	无		

1．创建数据表

实施步骤如下：

（1）在"对象资源管理器"窗口中展开要修改的"XSCJ"数据库，定位到"表"节点。

（2）鼠标右键单击"表"节点，会出现如图 4-2 所示的快捷菜单。

图 4-2　"新建表"的快捷菜单

（3）单击"新建表"命令，会出现如图 4-3 所示的窗口。

图 4-3　"表设计器"窗口

"表设计器"窗口主要分为上下两部分。上部分用来定义数据表的列，包括列名、数据类型、长度和允许空属性。下部分用来设置列的其他属性，如默认值、标识列等属性。

用户可用鼠标或"Tab"键或方向键在各单元格间移动和选择，完成"列名"、"数据类型"、"长度"和"允许空"栏中相关数据的输入，创建完列后的"表设计器"窗口如图 4-4 所示。

注意：有些数据类型的长度是固定的，不能修改，如 bit 数据类型的长度固定为 1，datetime 数据类型的长度固定为 8 等。

（4）设置标识列。在"表设计器"窗口选中"序号"列，然后在"列属性"对话框里展开"标识规范"项，将"是标识"设为"是"，"标识增量"设为 1，"标识种子"也设为 1，如图 4-4 所示。

图 4-4　设置标识列

（5）设置默认值约束。在"表设计器"窗口选中"性别"列，然后在"列属性"对话框里展开"常规"项，在"默认值或绑定"文本框里输入1，如图4-5所示。

图4-5　设置默认值

（6）设置主键约束。选中"学号"列，单击工具栏上的"设置主键/取消主键"按钮，可将该列设置为主键。

（7）单击"文件"→"保存"命令，或直接单击"保存"快捷按钮，会出现如图4-6所示的对话框。

（8）在文本框中输入要保存的数据表名称"XSQK"后，单击"确定"按钮即可完成数据表创建。

图4-6　保存数据表对话框

（9）关闭"表设计器"窗口。之后，可在"对象资源管理器"窗口中看到创建的XSQK表。

2．创建约束

在对象资源管理器中创建约束可以采取两种方法：一是可以在创建数据表时添加约束，如【例4-1】中主键约束的创建；二是可以在创建数据表后添加约束。下面是承接【例4-1】创建XSQK表后在"总学分"列上添加检查约束的步骤：

（1）在"对象资源管理器"窗口中依次展开"XSCJ"数据库的"XSQK"表，定位到"约束"节点。

（2）鼠标右键单击"约束"节点，在弹出的快捷菜单中单击"新建约束"命令，会出现如图4-7所示的对话框，同时会打开"表设计器"窗口。

图 4-7 "Check 约束"对话框

（3）单击"表达式"右边的 ⊞ 按钮，会出现如图 4-8 所示的对话框，在该对话框中输入"总学分>=0 AND 总学分<=200"，单击"确定"按钮，返回到图 4-7 所示的界面。

（4）单击"说明"右边的 ⊞ 按钮，会出现如图 4-9 所示的对话框，在该对话框中可以输入对该检查约束的说明信息，单击"确定"按钮，返回到如图 4-10 所示的对话框。

图 4-8 输入检查约束表达式

图 4-9 输入检查约束的说明信息

图 4-10 设置检查约束后的对话框

（5）单击"关闭"按钮，返回到"表设计器"窗口。

4.2.2 使用 CREATE TABLE 语句创建表和表约束

CREATE TABLE 命令的完整语法很复杂，下面只介绍其基本的语法：

CREATE TABLE [[数据库名.] 表所有者 .] 表名	——设置表名
({ <列定义>	——定义列属性
[<列约束>] }	——设置列约束
[, ... n]	——定义其他的列
)	
[ON { 文件组名	DEFAULT }]	——指定存放表数据的文件组

其中，<列定义> 的语法为

{ 列名 数据类型 [（长度）] }	——设置列名和数据类型
[[DEFAULT 常量表达式]	——设置默认值
| [IDENTITY [(初值, 增量)]	——定义标识列
]	
{ 列名 AS 列表达式 }	——定义计算列
<列约束> 的语法为	
[CONSTRAINT 约束名]	——设置约束名
{ [NULL	NOT NULL]	——设置空值或非空值约束
| [[PRIMARY KEY	UNIQUE]	——设置主键或唯一性约束
[CLUSTERED	NONCLUSTERED]	——指定聚集索引或非聚集索引
]	
| [[FOREIGN KEY (外关键字列 1 [, ... n])]	——设置外键约束
REFERENCES 参照表名(列 1 [, ... n])	
]	
| CHECK (逻辑表达式)	——设置检查约束
}	

该命令的选项说明如下：

（1）ON：指定在哪个文件组上创建表，默认在 PRIMARY 文件组中创建表。

（2）DEFAULT：在<列定义>中使用，指定所定义的列的默认值，该值由常量表达式确定。

（3）IDENTITY：指定所定义的列为标识列，每张表中只能有一个标识列。当初值和增量都为 1 时，它们可以省略不写。

（4）AS：指定所定义的列为计算列，其值由计算列表达式后确定。

（5）CONSTRAINT：为列约束指定名称，省略时由系统命名。

（6）NULL | NOT NULL：指定所定义的列的值可否为空，默认为 NULL。

（7）PRIMARY KEY | UNIQUE：指定所定义的列为主关键字或具有唯一性。

（8）CLUSTERED | NONCLUSTERED：指定所定义的列为聚集索引或非聚集索引。

（9）FOREIGN KEY REFERENCES：指定所定义的列为外关键字，且与该列相对的参照列是参照表的主关键字或具有唯一性约束。

（10）CHECK：为所定义的列指定检查约束，规则由逻辑表达式指定。

下面将以表 4-3 所示的结构由浅入深地介绍数据表的创建方法。

表 4-3　课程表 KC 的结构描述

列名	数据类型	长度	属性			约束
			是否允许为空值	默认值	标识列	
序号	int	4			初始值、增量均为 1	
课程号	char	3	×	无		主键
课程名	varchar	20	×	无		
授课教师	varchar	10	√	无		
开课学期	tinyint	1	×	1		只能为 1~6
学时	tinyint	1	×	无		
学分	tinyint	1	√	无		

1. 创建简单表

【例 4-2】　在 XSCJ 数据库中，创建一个名为 KC1 的数据表，该表中只涉及列的定义。

```
CREATE    TABLE    XSCJ.DBO.KC1
( 序号          INT ,
  课程号        CHAR (3) ,
  课程名        CHAR (20) ,
  授课教师      CHAR (10) ,
  开课学期      TINYINT ,
  学时          TINYINT ,
  学分          TINYINT
)
```

注意：在创建时使用了数据库名 XSCJ 和默认的表所有者 dbo（Data Base Owner），如果当前使用的数据库正是 XSCJ 数据库，且使用默认的表所有者 dbo，那么可以只写表名 KC1。在以后的例子中，假定所要操作的数据库为当前数据库，且使用默认表所有者 dbo 创建表。

2. 创建有标识列的表

【例 4-3】　在 XSCJ 数据库中，创建一个名为 KC2 的数据表，该表中的"序号"列为标识列。

```
USE   XSCJ                          ——将 XSCJ 库切换为当前数据库
CREATE   TABLE   KC2
( 序号          INT  IDENTITY ,      ——初值和增量均为 1 时，可省去不写
  课程号        CHAR (3) ,
  课程名        CHAR (20) ,
  授课教师      CHAR (10) ,
  开课学期      TINYINT ,
  学时          TINYINT ,
  学分          TINYINT
)
```

3. 创建具有列约束的表

【例 4-4】　在 XSCJ 数据库中，创建一个名为 KC 的数据表，该表的结构见表 4-3。

方法一：新建表时，在单个列定义之后，紧接着定义约束。

```
USE   XSCJ                                        ——将 XSCJ 库切换为当前数据库
CREATE      TABLE   KC
( 序号         INT  IDENTITY ,                    ——初值和增量均为 1 时，可省去不写
  课程号       CHAR (3)  NOT  NULL
  CONSTRAINT  PK_KC_KCH  PRIMARY  KEY ,           ——设置非空和主键约束
  课程名       CHAR (20)  NOT   NULL ,
  授课教师     CHAR (10) ,                        ——默认为 NULL，此处可以不写
  开课学期     TINYINT  NOT  NULL
  CONSTRAINT   DF_KC_XQ  DEFAULT  1               ——设置非空和默认值约束
  CONSTRAINT   CK_KC_XQ   CHECK (开课学期>=1 AND 开课学期<=6 ),
                                                  ——设置检查约束

  学时         TINYINT  NOT  NULL ,
  学分         TINYINT
)
```

方法二：新建表时，在所有列定义完之后，再定义约束。

```
USE  XSCJ                                         ——将 XSCJ 库切换为当前数据库
CREATE      TABLE  KC
( 序号         INT  IDENTITY ,                    ——初值和增量均为 1 时，可省去不写
  课程号       CHAR (3)  NOT   NULL ,             ——设置非空约束
  课程名       CHAR (20) NOT   NULL ,
  授课教师     CHAR (10) ,                        ——默认为 NULL，此处可以不写
  开课学期     TINYINT  NOT  NULL  DEFAULT  1 ,   ——默认值约束不能在所有列之后定义
  学时         TINYINT  NOT  NULL ,
  学分         TINYINT
CONSTRAINT  PK_KC_KCH  PRIMARY  KEY(课程号) ,     ——设置主键约束，约束名由用户指定
CONSTRAINT   CK_KC_XQ   CHECK (开课学期>=1   AND  开课学期<=6)
                                                  ——设置检查约束，约束名由用户指定

)
```

方法三：在已经创建好的表上定义约束，通过修改该表的方式添加约束。

```
ALTER   TABLE   KC
  ADD   CONSTRAINT   PK_KC_KCH   PRIMARY   KEY(课程号) ,
                                                  ——设置主键约束，约束名由用户指定
  CONSTRAINT   DF_KC_XQ   DEFAULT  1  FOR 开课学期 ,
                                                  ——设置默认值约束，约束名由用户指定
  CONSTRAINT   CK_KC_XQ   CHECK (开课学期>=1   AND  开课学期<=6 )
                                                  ——设置检查约束，约束名由用户指定
```

　　说明：在创建表约束时，约束名既可以由用户定义，也可以由系统自动命名。用户可以用关键字 constraint 来给约束命名，当用户在指定约束名时，最好能遵照顾名思义的原则来命名，例如在给 KC 表中的课程号字段设置主键约束时，其约束名可命名为 "PK_KC_KCH"，意思就是在 KC 表的课程号（KCH）上设置了主键约束（PK）。如果在创建约束时用户没有用关键字 constraint 给约束命名，那么系统会自动给该约束命名。

在上例创建表约束的三种方法中，约束名有时是由用户指定的，有时是由系统自动命名，请大家熟悉它们的书写格式，如果在以后的编程中需要对约束进行操作管理，建议还是采用由用户指定约束名的方式。

【例4-5】 在 XSCJ 数据库中，创建一个名为 XS_KC 的数据表，该表的结构见表4-4。

表4-4 学生与课程表 XS_KC 的结构

列名	数据类型	长度	属性		约束	
			是否允许为空值	默认值		
学号	char	10	×	无	外键，参照 XSQK 表	组合为主键
课程号	char	3	×	无	外键，参照 KC 表	
成绩	tinyint	1	√	无	0~100	
学分	tinyint	1	√	无		

```
USE   XSCJ                                         ——将 XSCJ 库切换为当前数据库
CREATE   TABLE   XS_KC
( 学号    CHAR (10)   NOT NULL   REFERENCES   XSQK(学号),
                                                   ——设置非空和外键约束，约束名由系统命名
课程号    CHAR (3)   NOT NULL   ,
成绩      TINYINT ,                                 ——默认为 NULL，此处可以不写
学分      TINYINT
PRIMARY   KEY (学号,课程号),                         ——设置组合主键约束，约束名由系统命名
CHECK (成绩>=0   AND   成绩<=100 ),                  ——设置检查约束，约束名由系统命名
FOREIGN   KEY(课程号)   REFERENCES   KC(课程号)      ——设置外键约束，约束名由系统命名
)
```

4.3 修改数据表和表约束

4.3.1 在对象资源管理器中修改表和表约束

【例4-6】 修改 XSCJ 数据库中 XSQK 表的属性，在该表中完成以下操作：

① 在"总学分"字段前面增加"EMAIL"字段，varchar(30)，允许为空，限制该字段值中必须包含"@"字符，约束名为"CK_XSQK_EMAIL"；

② 删除"序号"字段；

③ 将"联系电话"字段移到"专业名"字段之前；

④ 修改"总学分"字段上的检查约束，限制总学分的取值在"0~200"之间，约束名修改为"CK_XSQK_ZXF"。

1．增加、删除和移动列

（1）在"对象资源管理器"中展开要修改的"XSCJ"数据库，定位到"XSQK"表上。

（2）鼠标右键单击"XSQK"表，在弹出的快捷菜单里单击"修改"命令，会出现"表设计器"窗口。

（3）增加"EMAIL"字段。鼠标右键单击"总学分"字段，在弹出的快捷菜单里单击"插入列"命令，会在"总学分"字段前面增加一个空行，如图4-11所示；然后在该行中输入要增加的字段名称、类型等属性。

图 4-11　增加列时的"表设计器"窗口

（4）删除"序号"字段。右键单击"序号"列的字段名称，在弹出的快捷菜单里单击"删除列"命令即可删除该列。

（5）移动"联系电话"字段。先选中该列，然后拖动该列到"专业名"字段前放开鼠标即可。注意在拖动列时，有一条黑线代表拖放的位置。

2．修改约束

承接前面步骤。

（6）修改"总学分"列上的约束。单击工具栏上的"管理 Check 约束"按钮，会显示"Check约束"对话框，该对话框中显示了已有检查约束的属性。

（7）在"常规"栏中将逻辑表达式修改为"总学分>=0 AND 总学分<=200"；在"名称"文本框中将约束名改为"CK_XSQK_ZXF"，修改后的属性如图 4-12 所示。

图 4-12　修改"总学分"列上的 Check 约束

（8）在"EMAIL"列上增加约束。单击"添加"按钮，在"选定的 Check 约束"列表框里，自动添加了一个名为"CK_XSQK_2"的检查约束，在"表达式"文本框中输入"email　like'%@%'"，在"名称"文本框中将约束名修改为"CK_XSQK_EMAIL"，如图 4-13 所示。

图 4-13 在"EMAIL"列上增加 Check 约束

（9）单击"关闭"按钮，返回到"表设计器"窗口。

（10）单击"保存"按钮后，关闭"表设计器"窗口。

4.3.2 使用 ALTER TABLE 语句修改表和表约束

使用 ALTER TABLE 命令可以修改表的结构：增加列、删除列，也能修改列的属性，还能增加、删除、启用和暂停约束。但是在修改表时，不能破坏表原有的数据完整性，例如不能向有主键的表添加主键列，不能向已有数据的表添加 NOT NULL 属性的列等。

ALTER TABLE 命令的基本语法如下：

```
ALTER  TABLE  表名
{   ADD  {<列定义>  <列约束>}  [,…n]    ——定义要添加的列：设置列属性、设置列约束
|  ADD  {<列约束>}  [,…n]              ——增加列约束
|  DROP  {COLUMN  列名 |  [CONSTRAINT] 约束名}  [,…n] ——删除列或列约束
|  ALTER  COLUMN  列名                             ——指定要修改的列名
    { 新数据类型 [( 新数据宽度 [，新小数位数 ])]       ——设置新的数据类型
        [NULL | NOT NULL ]                       ——设置是否允许空值属性
    }
|  [ WITH [ CHECK | NOCHECK ]]              ——启用或禁用约束检查
|  [ CHECK | NOCHECK ]  CONSTRAINT  {  ALL | 约束名 [,…n]  } ——启用或禁用约束
}
```

其中，<列定义>的语法为

```
{ 列名   数据类型 }
 [ [DEFAULT   常量表达式 ]  |  [ IDENTITY [( 种子值 ，递增量 )]]
{ 列名  AS  列表达式 }
<列约束> 的语法为
[CONSTRAINT   约束名 ]
  {  [ NULL | NOT NULL ]
   |  [  [PRIMARY KEY | UNIQUE ]  [ CLUSTERED | NONCLUSTERED ]
          ( 主关键字列 1  [,…n ])]
   |  [  [FOREIGN KEY (外关键字列 1  [,…n ])]
          REFERENCES   参照表名(参照列 1  [,…n ])]
```

| CHECK （逻辑表达式）
}

1．增加列

【例4-7】 在 XSQK 表中，增加两列："籍贯"字段，char(12)，默认值为"重庆"；"email"字段，varchar(30)。

```
ALTER   TABLE   XSQK
    ADD   籍贯   CHAR(10)   CONSTRAINT   DF_XSQK_JG   DEFAULT   '重庆',
    EMAIL   VARCHAR(30)
```

2．修改列

在修改数据表的列时，只能修改列的数据类型以及列值是否为空。但在下列这些情况下不能修改列的数据类型：

① 不能修改类型为 text、image、ntext 和 timestamp 的列；

② 不能修改类型为 varchar、nvarchar 和 varbinary 的列的数据类型，但可增加其长度；

③ 不能修改设置了主键或外键或默认值或检查或唯一性约束、包含索引的列的数据类型，但可增加其长度；

④ 不能修改用列表达式定义或被引用在列表达式中的列；

⑤ 不能修改复制列（FOR REPLICATION）。

【例4-8】 将学生课程表 XS_KC 中的成绩列的数据类型修改为 numeric(4,1)。

```
ALTER   TABLE   XS_KC
    ALTER   COLUMN   成绩   NUMERIC(4,1)
```

3．添加约束

在前一节中，我们已经讲过当数据表已经存在的情况下，添加约束的方法（即通过修改表的方法添加约束）。用户在添加约束时，如果表中原有数据与新添加的约束发生冲突，将会导致异常，并终止命令执行。如果想忽略对原有数据的约束检查，可在命令中使用 WITH NOCHECK 选项，使新增加的约束只对以后更新或插入的数据起作用。系统默认自动使用 WITH CHECK 选项，即对原有数据进行约束检查。注意，不能将 WITH CHECK 或 WITH NOCHECK 作用于主关键字约束和唯一性约束。

【例4-9】 在 XSQK 表的"姓名"列上增加唯一性约束，约束名为 UK_XSQK_XM，并忽略对原有数据的约束检查。

```
ALTER   TABLE   XSQK
    WITH   NOCHECK
    ADD   CONSTRAINT   UK_XSQK_XM   UNIQUE(姓名)
```

【课堂练习1】 在学生与课程表 XS_KC 中，添加名 CK_XS_KC_CJ 的检查约束，该约束限制"成绩"在 0 到 100 之间。

4．删除约束

【例4-10】 将 XSQK 表中的"姓名"列上的约束删除。

```
ALTER   TABLE   XSQK
    DROP   CONSTRAINT   UK_XSQK_XM
```

5. 删除列

在删除列时，如果该列上有约束或被其他列所依赖，则应先删除相应的约束或依赖信息，再删除该列。

【例 4-11】 将 XSQK 表中的"籍贯"、"EMAIL"列删除。

```
ALTER  TABLE  XSQK
    DROP  CONSTRAINT  DF_XSQK_JG    ——因为"籍贯"列上有默认值约束，所以应先删除
ALTER  TABLE  XSQK
    DROP  COLUMN  籍贯,EMAIL        ——然后，再删除"籍贯"和"EMAIL"两列
```

6. 启用或暂停约束

使用 CHECK 或 NOCHECK 选项可以启用或暂停某些或全部约束，但是对于主键约束和唯一性约束不起作用。

【例 4-12】 暂停 XSQK 表中的所有约束。

```
ALTER  TABLE  XSQK
    NOCHECK  CONSTRAINT  ALL
```

4.4 管理表中的数据

在创建完数据表之后，就可以在数据表里添加、修改和删除记录了。

4.4.1 添加记录

1. 在对象资源管理器中向表中添加记录

【例 4-13】 分别向 XSQK 表、KC 表和 XS_KC 表中添加表 4-5、表 4-6 和表 4-7 中所示的数据。其中 XSQK 表的性别列中的 '0' 代表 '女'，'1' 代表 '男'。

表 4-5 XSQK 表中的学生情况信息

学号	姓名	性别	出生日期	专业名	所在系	联系电话	总学分	备注
2012130101	杨颖	0	1995-07-20	信息安全	计算机应用	13512345678	NULL	班长
2012130102	方露露	0	1994-01-15	信息安全	计算机应用	13501234567	NULL	NULL
2012130103	俞奇军	1	1995-02-20	信息安全	计算机应用	13600123456	NULL	NULL
2012130104	胡国强	1	1996-11-07	信息安全	计算机应用	13601234567	NULL	团支书
2012130105	薛冰	1	1994-07-29	信息安全	计算机应用	13660999888	NULL	NULL
2012130201	岑盈飞	0	1995-03-10	网络工程	计算机应用	13778000954	NULL	NULL
2012130202	董含静	0	1995-09-25	网络工程	计算机应用	13702123412	NULL	班长
2012130203	陈伟	1	1994-08-07	网络工程	计算机应用	13817900922	NULL	NULL
2012130204	陈新江	1	1996-07-20	网络工程	计算机应用	13809901223	NULL	NULL
2012130301	李江	1	1995-08-08	信息管理	计算机应用	13990088331	NULL	学习委员
2012130302	刘海	0	1996-12-05	信息管理	计算机应用	13304450879	NULL	NULL
2012130303	王长虹	1	1994-09-07	信息管理	计算机应用	13256732155	NULL	NULL
2012130401	黄梅	0	1996-01-01	多媒体技术	计算机应用	13255643234	NULL	NULL
2012130402	李多海	0	1996-09-11	多媒体技术	计算机应用	13334455667	NULL	NULL
2012130403	王丽丽	0	1996-12-30	多媒体技术	计算机应用	13998701123	NULL	学习委员

表 4-6 KC 表中的课程信息

课 程 号	课 程 名	授课教师	开课学期	学　　时	学　　分
101	计算机文化基础	陈竺	1	48	3
102	计算机硬件基础	王颐	1	80	6
103	计算机软件基础	武春岭	1	60	5
104	计算机网络基础	彭海深	2	80	6
105	可视化程序设计	赵怡	2	50	4
106	网络操作系统	吴文勇	3	60	5
107	网页设计	张建华	3	45	3
108	协议分析	余建军	4	64	5
109	数据备份与维护	何倩	4	80	5
110	网站建设实训	林婧	5	30	2
111	信息安全技术	龚小勇	5	80	5
112	网络安全技术	汪朝伟	5	50	4
113	网络管理实训	余萍	6	30	2

表 4-7 XS_KC 表中的学生成绩信息

学　　号	课程号	成　　绩	学　　分	学　　号	课程号	成　　绩	学　　分
2012130101	101	85.0	NULL	2012130202	108	80.0	NULL
2012130101	102	87.0	NULL	2012130203	103	57.0	NULL
2012130101	107	88.0	NULL	2012130204	103	71.0	NULL
2012130102	101	58.0	NULL	2012130301	101	88.0	NULL
2012130102	102	63.0	NULL	2012130301	102	73.0	NULL
2012130103	101	50.0	NULL	2012130301	107	69.0	NULL
2012130103	107	71.0	NULL	2012130302	101	67.0	NULL
2012130103	108	56.0	NULL	2012130302	103	52.0	NULL
2012130104	106	67.0	NULL	2012130303	107	77.0	NULL
2012130104	107	76.0	NULL	2012130303	108	65.0	NULL
2012130104	111	80.0	NULL	2012130303	111	73.0	NULL
2012130202	101	50.0	NULL	2012130401	101	77.0	NULL
2012130202	103	55.0	NULL	2012130401	102	69.0	NULL

实施步骤如下：

（1）在"对象资源管理器"中展开要修改的"XSCJ"数据库，定位到"XSQK"表上。

（2）鼠标右键单击该表，在弹出的快捷菜单中单击"打开表"命令，会出现如图 4-14 所示的"结果窗格"窗口。

（3）输入各记录的字段值后，只要将光标定位到其他记录上，或关闭"结果窗格"窗口，新记录就会自动保存。

（4）用相同的方法向 KC 表和 XS_KC 表中添加记录。

在输入新记录内容时，用户需要注意以下几点：

（1）输入字段的数据类型要和字段定义的数据类型一致，否则会出现警告提示框。

图 4-14 "结果窗格"窗口

（2）不能为空的字段，必须要输入内容。

（3）有约束的字段，输入的内容必须满足这些约束。

（4）有默认值的字段，可以不输入任何数据，因为在保存记录时，系统会自动填入默认值。

提示：在 SQL Server 2008 中，数据的输入可以通过"复制"和"粘贴"方法来实现，这点与 Word 表格类似。

2．使用 INSERT 语句向表中添加记录

使用 INSERT 语句既可以一次插入一行数据，也可以从其他表中选择符合条件的多行数据一次插入表中。无论使用哪一种方式，输入的数据都必须符合相应列的数据类型，且符合相应的约束，以保证表中数据的完整性。

（1）插入一行数据。INSERT 命令的语法如下：

```
INSERT  [ INTO ]  表名 [ ( 列名 [ , …n] ) ]
    VALUES ( { 表达式 | NULL | DEFAULT } [ , …n ] )
```

在插入数据时，必须给出相应的列名，次序可任意，如果是对表中所有列插入数据，则可以省略列名。插入的列值由表达式指定，对于具有默认值的列可使用 DEFAULT 插入默认值，对于允许为空的列可使用 NULL 插入空值。对于没有在 INSERT 命令中给出的表中的其他列，如果可自动取值，则系统在执行 INSERT 命令时，会自动给其赋值，否则执行 INSERT 命令会报错。

【例 4-14】 向 XSQK 表插入两行数据。

```
INSERT   INTO   XSQK (学号,姓名,性别,出生日期,联系电话,专业名,所在系,总学分,备注)
    VALUES('2012130501', '王成', 0, '1996-5-21', '13367614111', '硬件与外设', '计算机', 30, '学习委员')
INSERT   XSQK (学号,姓名,性别,专业名,所在系,出生日期)
    VALUES ('2012130405' , '田芳', 0 , '信息安全', '计算机' , '1995-7-15')
```

由于 INSERT 语句一次只能插入一行数据，本例要求插入两行数据，因此要用两条

INSERT 语句来实现。第一条插入语句是对 XSQK 表中的所有列插入数据，所以该语句可以改写为

```
INSERT   INTO   XSQK
     VALUES('2012130501', '王成', 0, '1996-5-21', '13367614111', '硬件与外设', '计算机' , 30, '学习
委员')
```

第二条插入语句中只列出了部分字段名，且列的次序与 XSQK 表中的列次序不同。需要注意的是这种方法对于有 "NOT   NULL" 属性的字段必列出字段名，对有 "NULL" 属性的列才可以不列出字段名。

提示：凡是为字符型、日期型数据要用单引号括起来。

（2）使用 SELECT 子句插入多行数据。使用 SELECT 子句的 INSERT 命令语法如下：

```
INSERT   [ INTO ]   目的表名   [ ( 列名 [ , ... n ] ) ]
SELECT   [ 源表名. ] 列名  [ , ... n ]
FROM   源表名   [ , ... n ]
[ WHERE  逻辑表达式 ]
```

该命令先从多个数据源表中选取符合逻辑表达式的所有数据，从中选择所需要的列，将其数据插入到目的表中。当选取源表中的所有数据记录时，WHERE 子句可省略；当插入到目的表中的所有列时，列名可省略。

【例 4-15】 将 XS_KC 表中的成绩不及格的记录，插入到 NOPASS 表中。

```
USE   XSCJ
INSERT   INTO   NOPASS
SELECT   *   FROM   XS_KC
WHERE   成绩<60
GO
SELECT  *  FROM  NOPASS
```

说明：该例中用到的 NOPASS 表必须是已经存在的，且该表的结构与 XS_KC 一致。如果还没有 NOPASS 表，则用户应该先定义该表。

4.4.2 更新表中的记录

1. 在对象资源管理器中更新表中的记录

在 "对象资源管理器" 中，无论是插入记录，还是更新记录，都必须先打开数据表。打开数据表后，找到要修改的记录，然后可以在记录上直接修改字段内容，修改完毕之后，只需将光标从该记录上移开，定位到其他记录上，SQL Server 会自动保存修改的记录。在修改记录时，需要注意以下几点：

（1）如果要在 "允许为空" 的字段中，输入 NULL，可以按〈Ctrl+O〉键。

（2）如果要将修改过的字段内容恢复到修改前，可以将光标聚焦到该字段，然后按〈Esc〉键。

（3）如果想放弃整条记录的修改，可以连按两次〈Esc〉键。

2．使用 UPDATE 语句更新表中的记录

UPDATE 命令的语法如下：

```
UPDATE    表名
SET
{ 列名 = 表达式 | NULL | DEFAULT }  [ , … n ] )
[ WHERE  逻辑表达式 ]
```

当省略 WHERE 子句时，表示对所有行的指定列都进行修改，否则只对满足逻辑表达式的数据行的指定列进行修改。修改的列值由表达式指定，对于具有默认值的列可使用 DEFAULT 修改为默认值，对于允许为空的列可使用 NULL 修改为空值。

【例 4-16】 将 XS_KC 表中课程号为"101"的不及格的学生成绩加 5 分。

```
UPDATE   XS_KC
SET    成绩=成绩+5
WHERE   (课程号='101'   AND   成绩<60)
```

【课堂练习 2】 将 XSQK 表中的"信息安全"专业改为"信息安全技术"。

4.4.3 删除表中的记录

1．在对象资源管理器中删除表中的记录

在"对象资源管理器"中删除记录，必须先打开数据表，然后选中要删除的记录，右键单击该记录，在弹出的快捷菜单里选择"删除"命令，会出现警告提示对话框，单击"是"按钮即可完成删除操作。在删除记录时，需要注意以下几点：

（1）记录删除后不能再恢复，所以在删除前一定要先确认。

（2）可以一次删除多条记录，按住〈Shift〉键或〈Ctrl〉键，可以选择多条记录。

2．使用 DELETE 语句删除表中的记录

DELETE 命令的语法如下：

```
DELETE    表名
[ WHERE   逻辑表达式 ]
```

当省略 WHERE 子句时，表示删除表中所有数据，否则只删除满足逻辑表达式的数据行。

【例 4-17】 删除 XS_KC 表中所有不及格的记录。

```
DELETE   XS_KC   WHERE   (成绩< 60)
```

4.5 删除数据表

4.5.1 在对象资源管理器中删除数据表

当一个数据表不再使用时，可以将其删除。

【例 4-18】 删除数据表 KC1。

实施步骤如下：

（1）在"对象资源管理器"中展开"XSCJ"数据库，定位到要删除的"KC1"数据表。

（2）鼠标右键单击"KC1"，在弹出的快捷菜单里单击"删除"命令，会出现如图 4-15 所示的对话框。

图 4-15 "删除对象"对话框

（3）在该对话框里可以看到要删除的数据表名称，单击"确定"按钮即可删除数据表。

注意：在删除数据表时，如果该数据表有外键依赖是不能被删除的，只有先将依赖于该数据表的关系都删除后才能删除。

4.5.2 使用 DROP TABLE 语句删除数据表

DROP TABLE 命令的语法如下：

DROP TABLE 表名 [, ... n]

4.6 查看表信息

4.6.1 查看表的定义信息

创建好数据表后，可以查看表的定义信息。可以在"对象资源管理器"中查看表信息，也可以通过编写 T-SQL 语句查看表的定义信息。

【例 4-19】 在"对象资源管理器"中查看 XS_KC 数据表的相关信息。

实施步骤如下：

（1）在"对象资源管理器"中，定位到要查看的"XS_KC"数据表。

（2）鼠标右键单击该表，在弹出的快捷菜单中选择"属性"命令，系统就会打开如图 4-16 所示的"表属性"对话框。

图 4-16 "表属性"对话框

（3）单击"选择页"区域中的各选项可以查看 XS_KC 表中的相关信息。

使用系统存储过程 sp_help 查看表的定义信息，其语法代码如下：

[EXEC] sp_help [[@OBJNAME =] 'NAME']

【例 4-20】 用命令查看服务器上所有数据表的信息。

EXEC sp_help ——未指定要查看的对象名，返回当前数据库中的所有对象

【例 4-21】 用命令查看 XS_KC 数据表的信息，查看的结果如图 4-17 所示。

EXEC sp_helpXS_KC ——返回 XS_KC 表中的所有对象，包括字段、约束等

图 4-17 查看指定表的定义信息

4.6.2 查看表约束

【例 4-22】 在"对象资源管理器"中查看 KC 数据表的表约束。

实施步骤如下：

（1）在"对象资源管理器"中，定位到要查看的"KC"数据表，并展开该表。

（2）单击"约束"节点即可看到该表上定义的约束，如图 4-18 所示。

图 4-18 查看 KC 表的表约束

使用系统存储过程 sp_helpconstraint 查看表约束，其语法代码如下：

[EXEC] sp_helpconstraint [@OBJNAME =] 'TABLE'

【例 4-23】 查看 XS_KC 数据表的表约束，查看结果如图 4-19 所示。

EXEC sp_helpconstraint XS_KC

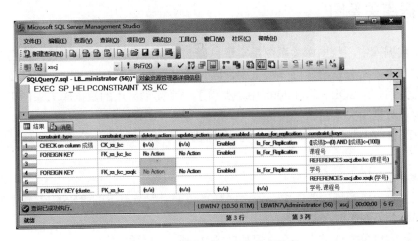

图 4-19 查看 XS_KC 表的表约束

4.6.3 查看表的依赖关系

【例4-24】 在"对象资源管理器"中查看 KC 表的依赖关系。

实施步骤如下：

（1）在"对象资源管理器"中，定位到要查看的"KC"数据表。

（2）鼠标右键单击该表，在弹出的快捷菜单中单击"查看依赖关系"命令，会出现的结果如图 4-20 所示。

图 4-20　查看 KC 表的依赖关系

4.7　数据库关系图

在关系数据库中，数据库关系图是实现良好的数据库设计的重要工具。特别是对于一个较大的数据库来说，关系图显得非常重要，因为通过数据库关系图可以快速可视化和了解表与表之间的关系。在 SQL Server 2008 中，提供了一个简单易用的数据库关系图工具，使用它可以快速构建数据库关系图。

【例4-25】 在对象资源管理器中为"XSCJ"数据库创建一个名为"Dia_xscj"的关系图。

其实施步骤如下：

（1）在"对象资源管理器"中，依次展开"数据库"节点下的"XSCJ"数据库节点，定位到"数据库关系图"。

（2）鼠标右键单击该节点，会出现如图 4-21 所示的对象框。

图 4-21 "添加表"对话框

（3）在该对话框中，选择要添加到关系图中的 "XSQK"、"KC"和"XS_KC" 表 → 单击"添加"按钮 → 单击"关闭"按钮，会显示如图 4-22 所示的数据库关系图。

图 4-22 "XSCJ"数据库关系图

（4）单击工具栏上的"保存"按钮，会出现如图 4-23 所示的对话框。

图 4-23 输入关系图名称

（5）在对话框中输入关系图的名称"Dia_xscj"后，单击"确定"按钮。

提示：如果是第一次创建数据库关系图，会弹出如图 4-24 所示的警告对话框，这时只有单击"是"按钮后，才可以创建数据库关系图。

图 4-24　警告提示框

【课后习题】

一、填空题

1. 在数据表上可以创建的约束有_____、_____、_____、_____、_____和_____等。

2. 创建表约束的方法有三种：第一种是在新建表时，在_____之后创建约束；第二种是在新建表时，在_____之后创建约束；第三种是表已经存在，可以通过_____添加约束。

3. 在一个表中只能定义_____个主键约束，但可以定义_____个唯一性约束；定义了唯一性约束的列数据可以为_____值，而定义了主键约束的列数据为_____值。

4. 如果列上有约束，要删除该列，应先删除_____。

5. 如果要删除的表 T1 是其他表 T2 的参照表，则应先取消 T2 表中的_____约束，或者先删除_____表，再删除 T1 表。

6. 在一个已存在数据的表中增加不带默认值的列，一定要保证所增加的列允许_____值。

7. 对表中记录的维护工作主要有增加、_____和_____操作，它们均可通过对象资源管理器或 Transact-SQL 语句完成。

8. 表的检查约束是用来强制数据的_____完整性。

9. 表的外键约束实现的是数据的_____完整性。

10. 定义标识列的关键字是_____。

二、选择题

1. 在 alter table 语句中使用了哪个子句可以使表上创建的检查约束暂时无效。

    A. check　constraint　　　　　　　B. nocheck　constraint

    C. with　nocheck　　　　　　　　　D. drop　constraint

2. SQL Server 2008 的字符型系统数据类型主要包括（　　）。

    A. int、money 和 char　　　　　　　B. char、varchar 和 text

    C. datetme、binary 和 int　　　　　D. char、varchar 和 int

3. 不允许在关系中出现重复记录的约束是通过（　　）实现。

    A. 外键约束　　　　　　　　　　　　B. 非空约束

    C. 检查约束　　　　　　　　　　　　D. 唯一约束

4. 表的主键约束是用来实现数据的（　　）。

    A. 实体完整性　　B. 参照完整性　　　C. 域完整性　　　D. 都是

5. 用于自动产生唯一的系统值的列属性是（　　）。

A. NULL　　　　B. NOT NULL　　C. IDENTITY　　D. SEED

三、判断题

1．NULL 表示一个空字符串。

2．参照完整性通常由外键约束来实现。

3．INSERT 语句后面必须要 INTO。

4．指定为标识列后，系统自动将该列设定为 NOT　NULL。

5．WITH　NO　CHECK 选项可以暂停所有约束。

6．任何数据类型的列都可以设置为标识列。

7．在修改数据表时，可以向已有数据的表添加 NOT　NULL 属性的列。

8．用一条 INSERT 语句一次可以插入多行数据。

9．在定义约束时，用户必须为该约束定义约束名。

10．在创建数据表时，如果没有指明表所有者，则使用默认的表所有者 dbo。

【课外实践】

任务 1：创建"XSDA"数据库。

要求：在 E 盘以"班级"为名创建一个一级文件夹，在该文件夹中再以"姓名学号"创建一个二级文件夹。在二级文件夹中，创建一个"XSDA"数据库。

任务 2：创建"学生"和"成绩"数据表。

要求：在"XSDA"数据库中创建"学生表"和"成绩表"，其结构和数据如下表所示。

学生表

学号	姓名	性别	电话	EMAIL
201213001	李红	女	66113456	lihong@163.com
201213002	张勇	男	66111234	zhangy@21cn.com
201213003	刘芳	女	65678901	lifang@sina.com
201213004	刘丽	女	62345678	liuli@163.com
201213005	林冲	男	68765432	linchong@163.com

成绩表

学号	课程名	成绩
200801001	数据库	87
200801002	数据库	56
200802001	C++	78
200801002	C++	66
200801003	C++	55

任务 3：修改数据表。

按下列要求完成对数据库和数据表的修改。

（1）在"学生表"中完成如下操作：

① 学号：设置主键约束。

② 姓名：设置非空约束。

③ Email：设置唯一性约束。

④ 性别：设置默认值为"男"。

（2）在"成绩表"中完成如下操作：

① 学号：设置主键和外键约束。

② 课程名：设置主键和非空约束。(注：学号、课程号为组合主键)

③ 成绩：设置检查约束为"0~100"。

（3）添加数据：向两张表中各添加一行自己的个人信息。

（4）增加列：在"学生表"中增加"序号"列，且定义为标识列，初始值为 1，增量为 1。

（5）修改列：将"学生表"中的"电话"改为 char(11)类型。

（6）将"学生表"名更名为 XSB；将"成绩表"名更名为 CJB。

任务 4：分离数据库。

要求：分离"XSDA"数据库，并连同"班级+学号"文件夹一起复制到指定位置。

任务 5：将以上任务中的命令代码保存在"XSDA.sql"文件中。

第5章 数据查询

🔖【学习目标】
- 掌握查询语句的基本语法格式
- 掌握简单查询
- 掌握汇总查询
- 掌握连接查询
- 理解子查询

5.1 SELECT 语句的基本语法格式

SELECT 语句的完整语法比较复杂，下面只介绍其基本语法格式：

```
SELECT   字段列表                    ——选择列
[ INTO   新表名 ]                    ——将查询结果保存在一个新表中
FROM   表名  [ , … n ]               ——指出要查询的表及各表之间的逻辑关系
[ WHERE   条件 ]                     ——设置查询条件
[ GROUP  BY  列名 ]                  ——设置数据按指定字段分组
[ HAVING   逻辑表达式 ]              ——为分组统计的数据设置条件
[ ORDER  BY  列名  [ASC|DESC] ]      ——对查询结果设置排序方式
[ COMPUTE   聚合函数(列名)  [ BY 列名] ]  ——按指定字段进行分组统计
```

5.2 简单查询

5.2.1 使用 SELECT 子句选择列

SELECT 子句的作用是指定查询返回的列。最基本的 SELECT 语句格式是：

```
SELECT   字段列表
FROM     表名
```

其中，字段列表指定了查询结果集中要包含的列的名称。有多个字段名时用逗号分隔。在字段列表中可以是以下这些参数：

（1）字段名：指定在查询结果集中要包含的字段名。在字段名前还以加上 ALL 和 DISTINCT 参数。

① ALL：指定在查询结果集中包含所有行，此参数为默认值；

② DISTINCT：指定在查询结果集中只能包含不重复的数据行。

（2）*：返回指定表中的所有列。

（3）TOP 表达式：限制查询结果集中返回的数据行的数目。

（4）常量表达式：使用常量表达式在查询结果集中增加说明列。

（5）列表达式：使用列表达式在查询结果集中增加计算列。

（6）字段名 AS 别名：在查询结果集中为列重新指定名称。

（7）使用聚合函数：在查询结果集中返回数据的统计信息。

1．查询表中所有列

【例 5-1】 查看 XSQK 表中的所有记录。查询结果如图 5-1 所示。

```
SELECT   *
FROM   XSQK
```

图 5-1　查询表中的所有列

2．查询表中的某几列

【例 5-2】 查询 XSQK 表中的学号、姓名和专业名信息。查询结果如图 5-2 所示。

```
SELECT   学号, 姓名, 专业名
FROM   XSQK
```

说明：在数据检索时，列的顺序由 SELECT 子句指定，顺序可以和列定义时的顺序不同，这不会影响数据在表中的存储顺序。

3．查看最前记录

【例 5-3】 查询 XSQK 表中的前 3 条记录。查询结果如图 5-3 所示。

```
SELECT   TOP   3   *
FROM   XSQK
```

图 5-2　查询表中的某几列

图 5-3　查询表中的前 3 条记录

4．为查询增加计算列

【例 5-4】　查看 XS_KC 表中的信息，其中，要求查询折算成绩，折算成绩为原成绩的 70%。查询结果如图 5-4 所示。

```
SELECT  学号, 课程号, 成绩, 成绩*0.7
FROM    XS_KC
```

5．改变查询结果中的列名

在默认情况下，数据查询结果中所显示的列名就是在创建表时使用的列名，但是对于新增列，如图 5-4 中所示的计算列，系统不指定列名，而以"无列名"标识。如果用户想改变查询结果中所显示的列名，可以用以下三种方法来实现。

图 5-4 为查询结果集增加计算列

第一种方法是在列表达式前冠以一个后接等号（=）的字符串来为列表达式指定列名，其中字符串可以用单引号括起来，也可以不括。

第二种方法是在列表达式后用关键字 AS 接一个字符串来为列表达式指定列名，其中字符串可以用单引号括起来，也可以不括。关键字 AS 也可以省略。

第三种方法是在列表达式后留一个空格，再接一个字符串来为列表达式指定列名，其中字符串可以用单引号括起来，也可以不括。

【例 5-5】 为【例 5-4】中的计算列指定别名。查询结果如图 5-5 所示。

```
SELECT  学号, 课程号, 成绩 AS 原成绩, 调整成绩 1=成绩*0.7,成绩+ 5 调整成绩 2
FROM   XS_KC
```

图 5-5 改变查询结果集中的列名

6. 增加说明列

有时，直接阅读 SELECT 语句的查询结果是困难的，因为显示出来的数据，可能是一些不连贯的信息。为了增加查询结果的可读性，可以在 SELECT 子句中增加一些说明列。增加的说明文字串使用单引号括起来。

【例 5-6】 在查询结果集中的"备注"列前增加一个说明列。查询结果如图 5-6 所示。

```
SELECT  学号, 姓名,'职务是' , 备注
FROM   XSQK
```

图 5-6　在查询结果集中增加说明列

如果说明文字串本身也有单引号，则说明文字串中的一个单引号用两个单引号（""）表示。

【例 5-7】 在查询结果集中的"备注"列前增加"其'职务'是"的说明列。查询结果如图 5-7 所示。

```
SELECT   学号, 姓名,'其"职务"是' , 备注
FROM   XSQK
```

7. 查看不重复记录

【例 5-8】 查看 XS_KC 表中有哪些学生选修了课程。查询结果如图 5-8 所示。

```
SELECT   课程号   FROM   XS_KC
```
或　SELECT   ALL   课程号   FROM   XS_KC

图 5-7　在查询结果集中增加带引号的说明列

图 5-8　查看学生选修的课程

由图 5-8 可以看出，有很多记录都是重复的，如果要显示不重复的记录，可以使用以下代码：

```
SELECT  DISTINCT  课程号    FROM    XS_KC
```

查询结果如图 5-9 所示。

图 5-9　查看不重复的记录

5.2.2　使用 WHERE 子句选择行

在前面的示例中，查询的都是数据表中所有的记录，但在实际情况中，用户通常只要求查询部分数据记录，即找出满足某些条件的数据记录。此时用户可以在 SELECT 语句中使用 WHERE 子句来指定查询条件，过滤不符合条件的记录行。其基本的语法格式如下：

```
SELECT    字段列表
FROM      表名
WHERE     查询条件
```

在 WHERE 子句中，可以使用的查询条件包括比较条件、逻辑条件、范围条件、模糊匹配条件、列表条件以及空值判断条件。

1. 使用比较条件查询

比较条件适合简单的条件查询。在 SQL Server 中的比较运算符见表 5-1。

表 5-1　比较运算符

>	<	=	>=	<=	<>或!=	!>	!<
大于	小于	等于	大于等于	小于等于	不等于	不大于	不小于

【例 5-9】　查询 XS_KC 表中成绩不及格的学生记录。查询结果如图 5-10 所示。

```
SELECT    学号，课程号，成绩
FROM      XS_KC
WHERE     成绩< 60
```

图 5-10　查询成绩不及格的信息

比较运算符不仅可用于比较数字类型的列，也可用于比较字符类型的列，这是因为 SQL Server 的字符都用其二进制 ASCII 码表示，故不仅可比较等于（=）或不等于（!=或<>），也可以比较其大小。如字符'A'的二进制值比 'B' 小，字符 '9' 的二进制值比 '0' 大。除此之外，还可比较日期类型的列，规则是日期靠后的值比日期靠前的值大，如日期'2012-3-31'的值就比 '2012-3-30' 大。

【例 5-10】　查询 XSQK 表中 1996 年及其后出生的学生信息。查询结果如图 5-11 所示。

```
SELECT    *
FROM     XSQK
WHERE    出生日期 > '1995-12-31'
```

图 5-11　查询 1995 年及其后的学生信息

【课堂练习1】　在 XSQK 表中，查询女学生的姓名和电话号码。

【课堂练习2】　在 XSQK 表中，查询网络工程专业的学生学号和姓名。

【课堂练习3】　在 XS_KC 表中，查询成绩在 80 分以上学生的学号、课程号和成绩。

2．使用逻辑条件查询

如果查询的条件比较多，可以使用逻辑条件进行查询。逻辑运算符号有三种：

（1）AND：组合两个条件，当两个条件都为真时其取值为真。

（2）OR：组合两个条件，当两个条件中有一个为真时其取值为真。

（3）NOT：对指定的条件取反。

【例5-11】 查询XSQK表中信息安全专业、性别是1的学生信息。查询结果如图5-12所示。

```
SELECT  学号, 姓名, 性别, 专业名
FROM    XSQK
WHERE   性别=1   AND   专业名='信息安全'
```

图5-12　查询信息安全专业男生的信息

【课堂练习4】 查询XS_KC表中成绩在80分以上和不及格学生的信息。

【例5-12】查询XS_KC表中成绩在70和80之间的学生信息。查询结果如图5-13所示。

```
SELECT    *
FROM    XS_KC
WHERE    成绩>=70   AND    成绩<=80
```

图5-13　查询成绩在70～80的学生信息

3. 使用范围条件查询

在查询某个取值范围内的数据时，除了使用逻辑条件查询（AND）外，还有另一种指定取值范围的方法，就是使用"BETWEEN…AND"来指定查询的范围。其语法格式如下：

SELECT　字段列表
FROM　　表名
WHERE　列名　BETWEEN　取值范围下界　AND　取值范围上界

【例5-13】　查询1996年12月出生的学生信息。查询结果如图5-14所示。

SELECT　　姓名, 性别,出生日期
FROM　　　XSQK
WHERE　出生日期　BETWEEN　'1996-12-01'　AND　'1996-12-31'

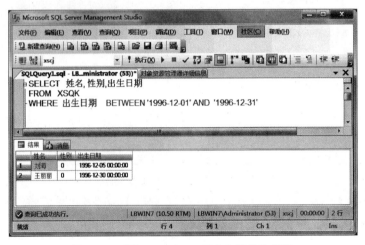

图 5-14　查询 1996 年 12 月出生的学生信息

范围条件查询与逻辑条件查询的关系：使用"BETWEEN…AND"设置的查询条件与使用一个逻辑运算符"AND"设置的查询条件作用相同。

请思考：使用"NOT BETWEEN…AND"设置的查询条件与使用一个逻辑运算符"OR"设置的查询条件作用是否相同？

【课堂练习5】　在 XSQK 表中，查询不在 1996 年 7、8、9 月份出生的学生信息。

4. 使用模糊匹配条件查询

通常，查询中的条件都是确定的，如 "成绩 >= 60" 或者 "专业名='计算机网络'" 等，但有时也可能这个条件是不确定的，或者用户不想进行精确查询，例如用户想找一本关于 SQL Server 2008 的书，但是用户并不知道书的全名，此时可以使用模糊匹配的方法查找书名中有 "SQL Server 2008" 字符串的书，然后再挑选；又如用户想查找班中所有陈姓学生的记录等等。

为了进行模糊匹配查询，T-SQL 提供了 LIKE 关键字用以查询与特定字符串匹配的数据。其语法格式如下：

SELECT　字段列表
FROM　　表名

WHERE　列名　[NOT]　LIKE　'匹配字符串'

在'匹配字符串'中可以使用如表 5-2 所示的四种通配符。

表 5-2　通配符的含义

通　配　符	说　　明	通　配　符	说　　明
%	代表任意长度的字符串	[]	指定某个字符的取值范围
_（下画线）	代表任意一个字符	[^]	指定某个字符要排除的取值范围

【例 5-14】 查询 XSQK 表中的所有陈姓的学生信息。查询结果如图 5-15 所示。

SELECT　学号，姓名
FROM　　XSQK
WHERE　姓名　LIKE　'陈%'

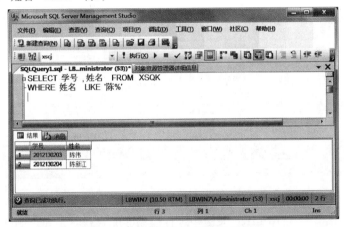

图 5-15　查询所有陈姓的学生信息

【例 5-15】 查询 XSQK 表中电话号码尾数为 2 的学生信息。查询结果如图 5-16 所示。

SELECT　　*
FROM　　XSQK
WHERE　联系电话　LIKE　'%2'

图 5-16　查询电话号码尾数为 2 的学生信息

【例5-16】 查询 XSQK 表中学号尾数不为 1、2 和 3 的学生信息。查询结果如图 5-17 所示。

SELECT　*　FROM　XSQK　WHERE　学号　LIKE　'%[^123]'
或　SELECT　*　FROM　XSQK　WHERE　学号　NOT LIKE　'%[123]'

图 5-17　查询学号尾数不为 1、2、3 的学生信息

此外要注意的是，当使用 LIKE 关键字进行模糊匹配查找时会导致 SQL Server 不使用与指定表相关联的索引，它（模糊查询）通知 SQL Server 比较所指定的字符串，并且查询与所提供的字符串匹配的数据记录。因此，不推荐在大型表上使用模糊匹配，因为在这种情况下查询符合条件的数据记录的时间会很长。

【课堂练习6】 在 XSQK 表中，查询学号中含有 1 的学生信息。
【课堂练习7】 在 XSQK 表中，查询电话号码第 7 位为 4 和 6 的学生信息。

5. 使用列表条件查询

如果列值的取值范围不是一个连续的区间，而是该区间范围内的某些值，此时就不能使用 BETWEEN…AND 关键字，SQL Server 提供了另外一个关键字 IN。其语法格式如下：

SELECT　字段列表
FROM　表名
WHERE　列名　[NOT]　IN　（列值表）

【例5-17】 查询 XS_KC 表中课程号为'101'、'105'或'108'的学生成绩信息。查询结果如图 5-18 所示。

SELECT　学号，课程号，成绩

```
FROM    XS_KC
WHERE   课程号   IN   ( '101', '105', '108')
```

图 5-18   查询课程号为'101'、'105'或'108'的学生成绩信息

提示：关键字 IN 可以看做是多个 OR 运算符连接的查询条件的一种简化形式。

【例 5-18】   将【例 5-17】中的代码改成如下形式，其查询结果不变。

```
SELECT   学号 , 课程号 , 成绩
FROM    XS_KC
WHERE   课程号 = '101'  OR   课程号 = '105'  OR   课程号 = '108'
```

【课堂练习 8】   在 XSQK 表中，查询所有非张、李、王和陈姓的学生信息。

6. 使用空值查询

如果要查询字段中的空值 NULL，可以使用"IS"运算符设置条件进行判断。其语法格式如下：

```
SELECT    字段列表
FROM    表名
WHERE   列名   IS   [NOT]   NULL
```

【例 5-19】   查询 XSQK 表中的学生干部的名单。查询结果如图 5-19 所示。

分析：在 XSQK 表的备注字段中记录了学生任职情况，如果该字段值非空，表示该学生担任了干部职务，否则，表示该学生未任职。

```
SELECT   学号,姓名,备注
FROM    XSQK
WHERE   备注   IS   NOT   NULL
```

图 5-19 查询学生干部的名单

5.2.3 使用 FROM 子句选择数据源

在前面所有的例子中，用户在 SELECT 语句的 FROM 子句中指定的都是单个或多个表，其实 SELECT 语句的查询数据源除了表以外还可以是视图，也可以既指定表又指定视图。指定视图与指定表的方法一样。

　　FROM 子句的语法如下：

　　FROM　{ 表名 | 视图名 }　[, … n]

可以看出，当有多个数据源时，可以用逗号（,）分隔，但是最多只能有 16 个数据源。另外，用户也可以为数据源指定别名，该别名只在当前 SELECT 语句中起作用。其方法类似于为列指定别名，但是只能使用第二种和第三种方法，即用"数据源名 AS 别名"和"数据源名　别名"两种形式。指定别名的好处在于能以较短的名字代替原本的长名，如用"USA"代替原名"United_States_of_America"。

　　【例 5-20】 为数据源指定别名。

　　SELECT　*　FROM　XS_KC　CJ

5.2.4 使用 ORDER BY 子句排序查询结果

ORDER BY 子句的作用是设置排序顺序，使用它可以使查询结果按照用户的要求对一个列，或者是多个列排序。其语法格式如下：

　　SELECT　字段列表
　　FROM　　表名
　　ORDER　BY　{ 列名 | 列号　[ASC | DESC] }　[, …n]

其中的参数含义如下：

① 列号：表示该列在 SELECT 子句指定的列表中的相对顺序号；

② ASC：表示按升序排列，为默认值，可省略；

③ DESC：表示按降序排列。

1．按一个字段排序

【例 5-21】 查询 XSQK 表的记录，并以姓名降序排列。

```
SELECT    *
FROM   XSQK
ORDER   BY   姓名   DESC
```

【例 5-22】 查询 XSQK 表的记录，并以出生日期升序排列。

```
SELECT    学号, 姓名, 出生日期
FROM   XSQK
ORDER   BY   3
```

2．按多个字段排序

当 ORDER BY 子句指定了多个列时，系统先按照 ORDER BY 子句中第一列的顺序排列，当该列出现相同值时，再按照第二列的顺序排列，依此类推。

【例 5-23】 查询 XS_KC 表的记录，并先按课程号升序排列，当课程号相同时再按成绩降序排列。查询结果如图 5-20 所示。

```
SELECT   学号 , 课程号 , 成绩
FROM   XS_KC
ORDER   BY   2 , 3   DESC
```

图 5-20 按多个字段排序

5.2.5 使用 INTO 子句保存查询结果

在第 4 章里，我们介绍了使用 INSERT 命令一次插入多行数据到数据表中的方法，那时

是将一个查询结果插入到一个已经存在的表，其实在对表进行查询时，用户也可以使用 INTO 子句将查询结果生成一个新表，这种方法常用于创建表的副本或创建临时表。

新表的列为 SELECT 子句指定的列，且不改变原表中列的数据类型和允许空属性，但是忽略其他的所有信息，如默认值、约束等信息。其语法格式如下：

```
SELECT  字段列表  INTO  新表名
FROM   表名
[ WHERE  逻辑表达式 ]
```

【例5-24】 将【例5-23】的查询结果保存到新表 TEMP_KC 中。

```
SELECT  学号, 课程号, 成绩  INTO  TEMP_KC
FROM  XS_KC
ORDER  BY  2,3  DESC
```

5.3 汇总查询

在前面的简单查询中，只涉及了对一张数据表中的原始数据进行查询，而在实际应用中，用户的查询需求远远不止这些。例如：用户想在 XSCJ 库中查询平均成绩、最高成绩、最低成绩、男女生人数和各专业人数等，而这些数据又不是 XSCJ 库中的原始数据，那么该如何实现这些查询呢？

实际上，Server SQL 给用户提供了数据汇总查询方法，即可以对查询结果集进行求总和、平均值、最大值、最小值及计数等等。下面只介绍了汇总查询的三种使用形式，即使用聚合函数、GROUP BY 子句和 COMPUTE BY 子句进行汇总查询。

5.3.1 使用聚合函数汇总

聚合函数可以将多个值合并为一个值，其作用是对一组值进行计算，并在查询结果集中返回一个单值。常用的聚合函数有：SUM、AVG、MAX、MIN 和 COUNT 等。其语法格式如下：

```
SELECT  聚合函数( [  * | [ ALL | DISTINCT ]  ] 列名 ) [ ,...n ]
FROM   表名
[ WHERE  条件 ]
```

其中，各参数的含义如下：
① ALL：计算该列值非空的记录的个数，为默认值；
② DISTINCT：计算该列值非空且不同的记录的个数(不计算重复行)；
③ *：计算所有记录的个数，包括空值，该参数只能用于 COUNT 函数中。

1. 使用 SUM 函数

SUM 函数返回指定列中所有值的和或仅非重复值的和。该函数只能用于数值型数据。

【例5-25】 计算 XS_KC 表中成绩列的总和，并为该列指定别名为"总分"。查询结果如图 5-21 所示。

```
SELECT   SUM (成绩)   AS   总分
FROM   XS_KC
```

图 5-21　计算成绩总分

2. 使用 AVG 函数

AVG 函数返回指定列的算数平均值。该函数只能用于数值型数据。

【例 5-26】 计算 XS_KC 表中成绩列的算数平均值，并为该列指定别名为"平均分"。

```
SELECT   AVG (成绩)   AS   平均分
FROM   XS_KC
```

3. 使用 MAX 函数

MAX 函数返回指定列的最大值。

【例 5-27】 计算 XS_KC 表中成绩列的最大值，并为该列指定别名为"最高分"。

```
SELECT   MAX (成绩)   AS   最高分
FROM   XS_KC
```

4. 使用 MIN 函数

MIN 函数返回指定列的最小值。

【例 5-28】 计算 XS_KC 表中成绩列的最小值，并为该列指定别名为"最低分"。

```
SELECT   MIN (成绩)   AS   最低分
FROM   XS_KC
```

5. 使用 COUNT 函数

COUNT 函数返回指定列的数据记录行数，不包含全部为 NULL 值的记录行。它可以指定某个列作为参数，此时返回该列的数据记录的行数；也可以使用通配符星号（*）作为参数，此时返回表中所有数据记录的行数。

【例 5-29】计算 XSQK 表中学生记录的行数，可以用以下两种方法来实现，其结果一样。

```
SELECT   COUNT (学号)   FROM   XSQK
```

或

```
SELECT   COUNT ( * )   FROM   XSQK
```

要计算 XSQK 表中学生记录的行数，可以使用学号列作为 COUNT 函数的参数，因为学号列是 XSQK 表的主关键字，能唯一标识每一条学生记录；也可以使用星号（*）作为 COUNT 函数的参数。

当在 SELECT 语句中使用了 WHERE 子句，即选择了行时，COUNT 函数则返回指定列和表中符合条件的数据记录的行数。

【例 5-30】 计算 XS_KC 表中成绩不及格的学生人次，并为该列指定别名为"不及格学生人次"。查询结果如图 5-22 所示。

```
SELECT   COUNT(学号)   AS   '不及格的学生人次'
FROM   XS_KC
WHERE   成绩< 60
```

图 5-22　计算成绩不及格的学生人次

请思考：上例中统计的不及格学生人次能代替有不及格课程的学生人数吗？

很明显，不能。因为在 XS_KC 表中某些学生可能有多门课程不及格，如学号为"2012130103"的学生有两门课程不及格，但该学生只能算作一个人，所以要统计有不及格课程的学生人数应该在指定列的前面加上关键字 DISTINCT，此时返回的值才是不同学生的人数统计值，其代码改写如下：

```
SELECT   COUNT(DISTINCT 学号)   AS   '不及格的学生人数'
FROM   XS_KC
WHERE   成绩< 60
```

查询计算结果如图 5-23 所示。

图 5-23　计算成绩不及格的学生人数

5.3.2 使用 GROUP BY 子句进行分类汇总

一个聚合函数只返回一个单个的汇总数据。在前节介绍的实例中，汇总数据都是针对整个表或由 WHERE 子句确定的子表中的指定列进行的，所以返回的汇总数据只有一行。

在实际应用中，用户常需要得到不同类别的汇总数据，可以使用 Server SQL 中提供的 GROUP BY 子句来实现分类汇总。该子句根据指定的列将数据分成多个组（即列值相同的记录组成一组），然后对每一组进行汇总，并对生成的汇总记录按指定列升序显示。另外还可以使用 HAVING 子句排除不符合逻辑表达式的一些组。其语法格式如下：

```
SELECT  字段列表  FROM  表名
GROUP  BY  列名 1  [, ... n]
HAVING  逻辑表达式
```

注意：SELECT 子句中出现的列名必须是 GROUP BY 子句中指定的列名，或者和聚合函数一起使用。

1．按一个字段分组

【例 5-31】 在 XS_KC 表中，统计每门课程的平均分。

分析：先将 XS_KC 表中的数据记录按课程号分组，然后再统计每一组课程的平均成绩。查询结果如图 5-24 所示。

```
SELECT  课程号，AVG(成绩)  AS  平均分
FROM  XS_KC
GROUP  BY  课程号
```

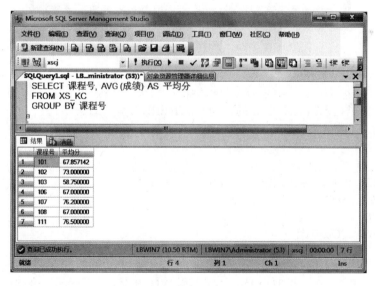

图 5-24　统计每门课程的平均分

2．按多个字段分组

如果 GROUP BY 子句中指定了多个列，则表示基于这些列的唯一组合来进行分组。在该分组过程中，首先按第一列进行分组，然后再按第二列进行分组，依此类推，最后在分好的

组中进行汇总。因此当指定的列顺序不同时，返回的结果也不同。

说明：GROUP BY 子句返回的组没有任何特定的顺序，若要指定特定的数据排序，需使用 ORDER BY 子句。

【例 5-32】 在 XSQK 表中，统计各专业男女生的人数。统计结果如图 5-25 所示。

分析：先将 XSQK 表中的数据记录按专业名分组，然后再按性别进行分组，最后统计每一组中的人数。

```
SELECT   专业名, 性别, COUNT (性别)   AS   人数
FROM     XSQK
GROUP   BY   专业名, 性别
ORDER   BY   专业名
```

图 5-25　统计各专业男女生人数

3. 对分组汇总结果进行筛选

HAVING 子句用于设定组或聚合的查询条件，通常与 GROUP BY 子句配合使用。如果不使用 GROUP BY 子句，则 HAVING 的行为与 WHERE 子句一样。

【例 5-33】 在 XSQK 表中，统计各专业男女生的人数超过 2 人的信息。统计结果如图 5-26 所示。

```
SELECT   专业名, 性别, COUNT(性别)   AS   人数
FROM     XSQK
GROUP   BY   专业名, 性别
HAVING   COUNT(性别) > 2
```

当 GROUP BY 子句、HAVING 子句和 WHERE 子句同时存在时，其执行顺序为先 WHERE，后 GROUP BY，再 HAVING，即先用 WHERE 子句过滤不符合条件的数据记录，接着用 GROUP BY 子句对余下的数据记录按指定列分组，最后再用 HAVING 子句排除一些组。

HAVING 子句与 WHERE 子句的区别是：HAVING 子句中可以使用聚合函数，而 WHERE 子句则不能。

图 5-26 统计各专业男女生人数超过 2 人的信息

5.3.3 使用 COMPUTE 子句进行明细分类汇总

有时用户不仅需要知道数据的汇总情况，可能还需要知道详细的数据记录，此时可以使用 COMPUTE 或 COMPUTE BY 子句生成明细汇总结果。COMPUTE 子句的作用就是对查询结果集的记录进行明细汇总。其语法格式如下：

```
SELECT    字段列表
FROM    表名
WHERE    逻辑表达式
GROUP    BY    列名  [ , … n ]
[ ORDER    BY    { 列名 | 列号    [ ASC | DESC ] }   [ , … n ] ]
COMPUTE    { 聚合函数（列名）}   [ , … n ]
[ BY    列名    [ , … n ]  ]
```

其中，主要参数的含义如下：

① COMPUTE 子句中的列名必须出现在 SELECT 子句的列表中；

② BY 子句表示按指定的列进行明细汇总，使用 BY 子句时必须与 ORDER BY 子句一起使用，BY 子句后的列名必须具有和 ORDER BY 子句后的列名相同的顺序，且不能跳过其中的列。

例如，如果 ORDER BY 子句按如下顺序指定列：

```
ORDER    BY    列 A，列 B，列 C
```

则 BY 子句后的列表只能是下面任一种形式：

```
BY    列 A，列 B，列 C
BY    列 A，列 B
BY    列 A
```

1．使用 COMPUTE 汇总

【例 5-34】 在 XS_KC 表中，统计成绩不及格的记录数，并显示明细信息。统计结果如图 5-27 所示。

```
SELECT    学号，课程号，成绩
FROM    XS_KC
```

```
WHERE    成绩<60
COMPUTE    COUNT(成绩)
```

图 5-27　统计成绩不及格的记录数

通过该例可以看出，COMPUTE 子句查询返回的结果集有两个部分：一个是数据的详细记录；另一个是汇总记录。

2. 使用 COMPUTE BY 汇总

【例 5-35】　在 XS_KC 表中，统计各门课程的平均成绩，按课程降序排序，并显示明细信息。统计结果如图 5-28 所示。

```
SELECT    学号, 课程号 , 成绩
FROM    XS_KC
ORDER    BY    2    DESC
COMPUTE    AVG（成绩） BY    课程号
```

图 5-28　统计各门课程的平均成绩

5.4 连接查询

连接查询就是把多个表中的行按给定的条件进行连接生成新表，从中查询数据。其语法形式有两种：一是 ANSI 语法格式；另一种是 SQL Server 语法格式。

ANSI 连接语法格式如下：

```
SELECT    列名表
FROM      表名 1  ［连接类型］  JOIN  表名 2  ［…JOIN  表名 n］
ON        ｛连接条件｝
WHERE     ｛查询条件｝
```

其中的 ON 参数用于指定连接条件。

SQL Server 连接语法格式如下：

```
SELECT    列名表
FROM      表名 1  ［,…n］
WHERE     ｛查询条件 AND｜OR 连接条件｝  ［…n］
```

在 SQL Server 中，连接类型有多种：内连接、外连接、自连接和无限制连接。由于无限制连接可能会产生一个很庞大的结果集，所以它只是理论上的一种连接方法，并无多大的应用价值。下面重点介绍内连接、外连接和自连接。

5.4.1 内连接

内连接是将多个表中的共享列值进行比较，把多个表中满足连接条件的记录横向连接起来，作为查询结果。内连接分为等值连接和非等值连接。等值连接就是使用"="运算符设置连接条件的连接。非等值连接就是使用">、>=、<和<="等运算符设置连接条件的连接。在实际应用中，等值连接应用较广泛，而非等值连接只有与自身连接时使用才有意义。

【例 5-36】 查询不及格学生的学号、姓名、课程号和成绩信息。查询结果如图 5-29所示。

分析：首先应确定要查询字段的来源，即分别属于哪些数据表；然后再确定表与表之间的共享列，即要查询的表通过什么列名相关联；最后确定连接条件。

在本例中，要查询的信息学号、姓名字段来源于 XSQK 表中，课程号、成绩字段来源于 XS_KC 表中，这两个表的共享列是学号字段，因此，根据题意，我们把连接条件设置为等值连接，即"XSQK.学号=XS_KC.学号"。

① ANSI 连接的代码如下：

```
SELECT    XSQK.学号, 姓名, 课程号, 成绩
FROM      XSQK  INNER  JOIN  XS_KC
ON        XSQK.学号 = XS_KC.学号
WHERE     成绩<60
```

图 5-29　查询不及格学生的信息

说明："INNER JOIN"表示该连接属于内连接，在查询结果集中只显示符合条件的记录，INNER 可省略。

② SQL Server 连接的代码如下：

```
SELECT    XSQK.学号, 姓名, 课程号, 成绩
FROM      XSQK ，XS_KC
WHERE     XSQK.学号 = XS_KC.学号    AND    成绩<60
```

请注意：当引用的列存在于多个表中时，必须用"表名.列名"的形式来明确要显示的是哪个表中的字段。请观察上例中的学号字段，前面都加上了表名，以明确其来源。

5.4.2　外连接

在内连接查询中，结果集只包含了相关表中满足连接条件的行，而外连接还会把某些不满足条件的行显示出来。根据对表的限制情况，外连接可分为左外连接、右外连接和全外连接。

1. 左外连接

左外连接就是在查询结果集中显示左边表中所有的记录，以及右边表中符合条件的记录。

【例 5-37】　用左外连接方式实现【例 5-36】中的查询。查询结果如图 5-30 所示。

① ANSI 连接的代码如下：

```
SELECT    XSQK.学号, 姓名, 课程号, 成绩
FROM      XSQK  LEFT  OUTER  JOIN  XS_KC
ON        XSQK.学号 = XS_KC.学号
WHERE     成绩<60
```

说明："LEFT OUTER JOIN"表示该连接属于左外连接，OUTER 可省略。

② SQL Server 连接的代码如下：

```
SELECT    XSQK.学号, 姓名, 课程号, 成绩
```

```
FROM      XSQK, XS_KC
WHERE     XSQK.学号 *=  XS_KC.学号  AND  成绩<60
```

说明："*="表示该连接属于左外连接。

图 5-30   左外连接的查询结果

从图 5-30 中可以看出，有些学生的"课程号"和"成绩"字段内容为 NULL，表示在 XS_KC 表中没有这些学生的成绩记录。

2．右外连接

右外连接就是在查询结果集中显示右边表中所有的记录，以及显示左边表中符合条件的记录。

【例 5-38】 用右外连接方式实现【例 5-36】中的查询。查询结果如图 5-31 所示。

① ANSI 连接的代码如下：

```
SELECT    XSQK.学号, 姓名, 课程号, 成绩
FROM      XSQK  RIGHT  OUTER  JOIN  XS_KC
ON        XSQK.学号 = XS_KC.学号
WHERE     成绩<60
```

说明："RIGHT OUTER JOIN"表示该连接属于右外连接，OUTER 可省略。

② SQL Server 连接的代码如下：

```
SELECT    XSQK.学号, 姓名, 课程号, 成绩
FROM      XSQK, XS_KC
WHERE     XSQK.学号 =*  XS_KC.学号  AND  成绩<60
```

说明："=*"表示该连接属于右外连接。

```
```

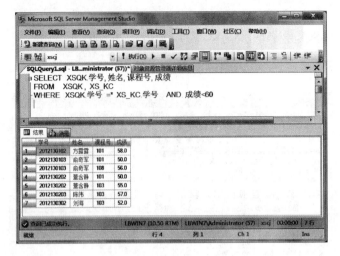

图 5-31　右外连接的查询结果

请思考：对于 XSCJ 库来说，为什么右外连接的查询结果（图 5-31）与内连接的查询结果（图 5-29）一样？

3．全外连接

全外连接就是在查询结果集中显示所有表中的记录，包括符合条件的和不符合条件的记录。全外连接只有 ANSI 语法形式。

【例 5-39】　用全外连接方式查询学号、姓名、课程号和成绩。查询结果如图 5-32 所示。

```
SELECT    XSQK.学号, 姓名, 课程号, 成绩
FROM      XSQK  FULL  OUTER  JOIN  XS_KC
ON        XSQK.学号 = XS_KC.学号
```

说明："FULL OUTER JOIN"表示该连接属于全外连接，OUTER 可省略。

图 5-32　全外连接的查询结果

5.4.3 自连接

自连接就是使用内连接或外连接把一个表中的行同该表中另外一些行连接起来,它主要用于查询比较相同的信息。为了连接同一个表,必须为该表在 FROM 子句中指定两个别名,这样才能在逻辑上把该表作为两个不同的表使用。

【例 5-40】 在查询结果集中一行显示每个学生的两门课程成绩。查询结果如图 5-33 所示。

① ANSI 连接代码如下:

```
SELECT   A.学号,  A.课程号,  A.成绩,  B.课程号,  B.成绩
FROM  XS_KC  A  JOIN  XS_KC  B    ON  A.学号=B.学号
WHERE   A.课程号<B.课程号
```

② SQL Server 连接代码如下:

```
SELECT   A.学号,  A.课程号,  A.成绩,  B.课程号,  B.成绩
FROM   XS_KC  A,  XS_KC  B
WHERE   A.学号=B.学号   AND   A.课程号<B.课程号
```

图 5-33 自连接的查询结果

5.5 子查询

子查询是指在一个 SELECT 语句中再包含另一个 SELECT 语句,外层的 SELECT 语句称为外部查询,内层的 SELECT 语句称为内部查询或子查询。

多数情况下,子查询出现在外部查询的 WHERE 子句中,并与比较运算符、列表运算符 IN 和存在运算符 EXISTS 等一起构成查询条件,完成有关操作。

根据内外查询的依赖关系,可以将子查询分为两类:相关子查询和嵌套子查询。

（1）相关子查询。如果内部查询的执行依赖于外部查询，则这种查询称为相关子查询。相关子查询的工作方式是：首先外部查询将值传递给子查询后执行子查询；然后根据子查询的执行结果判断外部查询的条件是否满足要求，若条件值为 TRUE 则显示结果行，否则不显示；接着外部查询再将下一个值传递给子查询，重复上面的步骤直到外部查询处理完外表中的每一行。

（2）嵌套子查询。如果内部查询的执行不依赖于外部查询，则这种查询称为嵌套子查询。嵌套子查询的工作方式是：首先执行子查询，将子查询得到的结果集（不被显示出来）传递给外部查询，并作为外部查询条件的组成部分；然后执行外部查询，如果外部查询的条件成立，则显示查询结果，否则不显示。

说明：不管是相关子查询还是嵌套子查询，其外部查询用于显示查询结果集，而内部查询的结果只能用来作为外部查询条件的组成部分。

使用子查询时要注意以下几点：
① 子查询需用圆括号（）括起来。
② 子查询内还可以再嵌套子查询。
③ 子查询的 SELECT 语句中不能使用 image、text 或 ntext 数据类型。
④ 子查询返回的结果值的数据类型必须匹配新增列或 WHERE 子句中的数据类型。
⑤ 子查询中不能使用 COMPUTE [BY]和 INTO 子句。

5.5.1　使用比较运算符进行子查询

如果子查询返回的是单列单个值，可以通过比较运算符（如<、<=、>、>=、=、<>、!=、!>和!<）进行比较，如果比较结果为真，则显示外部查询的结果，否则不显示。

【例 5-41】　查询平均分低于 60 分的学生学号和姓名。查询结果如图 5-34 所示。

```
SELECT   学号, 姓名
FROM   XSQK   A
WHERE (SELECT   AVG(成绩)   FROM   XS_KC   B   WHERE   B.学号=A.学号) < 60
```

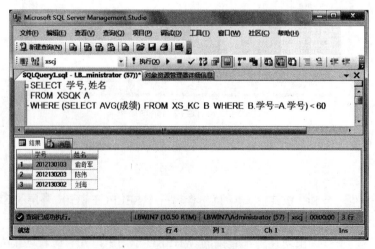

图 5-34　使用比较运算符进行子查询

在本例中，该子查询属于相关子查询，每执行一次子查询，只返回单列单个值。

5.5.2 使用 ALL、ANY 关键字进行子查询

如果子查询返回的是单列多个值,必须把比较运算符与 ALL、ANY 配合使用才能进行比较,如果比较结果为真,则显示外部查询的结果,否则不显示。

1. 使用 ANY 运算符进行子查询

ANY 表示在进行比较运算时,只要子查询中有一行数据能使结果为真,则 WHERE 子句的条件为真。例如:表达式"< ANY(7,8,9)"与"< 9"等价,表达式"> ANY(7,8,9)"与"> 7"等价。

【例 5-42】 查询有不及格学生的课程的授课教师。查询结果如图 5-35 所示。

```
SELECT   DISTINCT 授课教师
FROM   KC
WHERE   课程号=ANY(SELECT   课程号   FROM   XS_KC   B   WHERE   成绩<60)
```

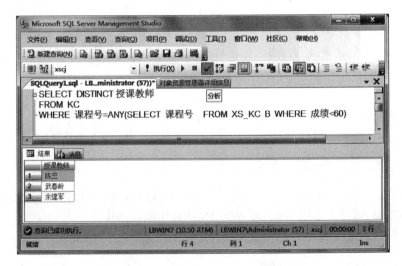

图 5-35　使用 ANY 进行子查询

在本例中,该子查询属于嵌套子查询,执行后,返回多个成绩不及格的课程号,只要这些课程号中有一个值使结果为真(即与 KC 表中的课程号相同),则 WHERE 子句的条件为真。

2. 使用 ALL 运算符进行子查询

ALL 表示在进行比较运算时,要求子查询中的所有行数据都使结果为真,则 WHERE 子句的条件才为真,例如:表达式"<= ALL(7,8,9)"与"<=7"等价,表达式">= ALL(7,8,9)"与">=9"等价。

【例 5-43】 查询每门课程的最低分。查询结果如图 5-36 所示。

```
SELECT   *
FROM   XS_KC   A
WHERE   成绩<= ALL
(SELECT   成绩   FROM   XS_KC   B   WHERE   B.课程号=A.课程号)
```

图 5-36　使用 ALL 进行子查询

在本例中，该子查询属于相关子查询，每执行一次子查询，返回某门课程的多个成绩值，用"<= ALL"比较，就可以得到最低分。当然，本例还可以使用下面的代码来完成。

```
SELECT   *
FROM   XS_KC   A
WHERE   成绩 =
(SELECT   MIN(成绩)   FROM   XS_KC   B   WHERE   B.课程号 = A.课程号)
```

5.5.3　使用 IN 关键字进行子查询

如果子查询返回的是单列多个值，还可以使用 IN 运算符进行比较，如果比较结果为真，则显示外部查询的结果，否则不显示。NOT IN 的作用刚好相反。

【例 5-44】　将【例 5-42】中的查询改为用"IN"运算符。查询结果如图 5-37 所示。

```
SELECT   DISTINCT   授课教师
FROM   KC
WHERE   课程号   IN ( SELECT   课程号   FROM   XS_KC   WHERE   成绩 < 60 )
```

图 5-37　使用 IN 进行子查询

5.5.4 使用 EXISTS 关键字进行子查询

EXISTS 关键字的作用是用来检查在子查询中是否有结果返回，如果有结果返回则WHERE 子句的条件为真，否则为假。NOT EXISTS 的作用刚好相反。

【例 5-45】 查询至少有一门课程不及格的学生信息。查询结果如图 5-38 所示。

```
SELECT   DISTINCT   学号 ，姓名
FROM   XSQK   A
WHERE   EXISTS
( SELECT   *   FROM   XS_KC   B   WHERE   B.成绩＜60   AND   B.学号＝A.学号)
```

图 5-38　使用 EXISTS 进行子查询

在本例中，由于不需要用到子查询返回的具体值，所以子查询的选择列常用"SELECT ＊"的格式。

【课后习题】

一、填空题

1. 用_____子句可以实现选择列的运算。

2. 用_____子句可以实现选择行的运算。

3. 在进行多表查询时，必须设置_____条件。

4. GROUP BY 子句实现的是_____。

5. ORDER BY 子句实现的是_____。

6. 当使用 COMPUTE...BY...子句时，必须与_____子句配合使用。

7. SQL Server 2008 采用的结构化查询语言称为_____。

8. 在 SELECT 语句查询中，要去掉查询结果中的重复记录，应该使用_____关键字。

9. 使用 SELECT 语句进行分组查询时，如果希望去掉不满足条件的分组，应当使用 _____ 子句。

10. 如果列的取值范围是一个连续的区间，可以使用 _____ 关键字来设置查询条件。

11. 要进行模糊匹配查询，需要使用 _____ 关键字来设置查询条件。

12. 连接查询的语法形式有：_____ 和 _____ 两种。

13. 如果子查询返回的是一个单值，则需要与 _____ 运算符配合才能构成查询条件。

14. 如果子查询返回的是单列多个值，可以与 _____、_____ 和 _____ 关键字配合构成查询条件。

二、选择题

1. 在分组检索中，要去掉不满足条件的分组和不满足条件的记录，应当（　　）。
    A. 使用 WHERE 子句
    B. 使用 HAVING 子句
    C. 先使用 HAVING 子句，再使用 WHERE 子句
    D. 先使用 WHERE 子句，再使用 HAVING 子句

2. 以下子句中（　　）可用来显示摘要和按组方式的汇总报告。
    A. GROUP BY　　　　　　　　B. COMPUTE
    C. COMPUTE BY　　　　　　　D. ORDER BY

3. 部分匹配查询中有关通配符"_"的正确描述是（　　）。
    A. "_"代表多个字符　　　　　　B. "_"可以代表零个或多个字符
    C. "_"不能与"%"一同使用　　D. "_"代表一个字符

4. 条件"年龄 BETWEEN 20 AND 35"表示年龄在 20 至 35 之间，且（　　）。
    A. 包括 20 岁和 35 岁　　　　　B. 不包括 20 岁和 35 岁
    C. 包括 20 岁但不包括 35 岁　　D. 包括 35 岁但不包括 20 岁

5. 下面不具有 SQL Server 语法格式的是（　　）。
    A. 内连接　　B. 左外连接　　C. 右外连接　　D. 全外连接

三、判断题

1. AND 运算符和"BETWEEN...AND"运算符都能设置取值范围是连续区间的逻辑条件。

2. HAVING 子句和 WHERE 子句作用相同。

3. 在进行连接查询时，内连接只把满足条件的记录连接起来并显示出来。

4. 在进行连接查询时，外连接只把不满足条件的记录显示出来。

5. 表达式">=ANY(3,5,7)"与">=7"等价。

6. 表达式">=ALL(2,4,6)"与">=2"等价。

7. 子查询内不能再嵌套子查询。

【课外实践】

任务 1：完成下列基本查询。

1. 在 KC 表中，查询第 2 学期开课的课程、授课教师。

2．在 XSQK 表中，查询信息安全专业女同学的姓名和联系电话。

3．在 XS_KC 表中，查询成绩在 90 分以上的学号、课程号和成绩。

4．在 XS_KC 表中，查询在 90 分以上和不及格学生的信息。

5．在 XSQK 表中，查询不在 1995 年 11、12 月和 1996 年 1、2 月份出生的学生信息。

6．在 XSQK 表中，查询陈姓且单名的学生信息。

7．在 XSQK 表中，查询学号中含有 8 的记录信息。

8．在 XSQK 表中，查询电话号码第 3 位为 6 和 9 的记录信息。

9．在 KC 表中，查询第 1、3 和 5 学期开设的课程信息。

10．查询 XSQK 表，输出学号、姓名、出生日期，并使查询结果按出生日期的升序排列。

任务 2：完成下列汇总查询。

1．在 KC 表中，统计每学期的总学分。

2．在 XS_KC 表中，统计每个学生选修的课程门数。

3．统计 KC 表中的总学分，并显示明细信息。

4．按开课学期统计 KC 表中各学期的学分，并显示明细信息。

5．将 XS_KC 表中的数据记录按学号分类汇总，输出学号和平均分。

6．在 XS_KC 表中，查询平均分大于 70 且小于 80 的学生学号和平均分。

7．查询 XS_KC 表，输出学号、课程号和成绩，并使查询结果先按照课程号升序排列，当课程号相同时，再按照成绩降序排列，并将查询结果保存到新表 temp_KC 中。

8．在 XS_KC 表中，查询选修了"101"课程的学生的最高分和最低分。

9．在 KC 表中，统计每个学期所开设的课程门数。

10．在 XSQK 表中，查询各专业的学生人数。

任务 3：使用连接方式完成下列查询。

1．查询不及格学生的学号、课程名、授课教师和开课学期的信息。

2．查询选修了"网页设计"课程的学生学号、姓名、课程号、课程名称和成绩。

任务 4：使用子查询方式完成下列查询。

1．查询"103"课程不及格的学生学号、姓名和联系电话。

2．查询恰好有两门课程不及格的学生信息。

3．查询每门课程最高分的学生记录。

4．查询每个学生的最低分课程记录。

5．查询每门课程的选修人数（提示：使用新增列完成）。

第6章　视图与索引

【学习目标】
● 了解视图的概念、使用目的和优点
● 掌握创建、修改、删除和使用视图管理数据的方法
● 理解索引的概念、创建索引的必要性和索引的类型
● 掌握创建、删除索引的方法

6.1　视图

用户在查询数据库中的数据时，除了直接查看数据表中的数据以外，还可以通过视图来查看表中的数据。视图是一种常用的数据库对象，是一种虚拟表，其内容由查询定义。在视图中被查询的表称为视图的基表。视图并不在数据库中以存储的数据值集的形式存在，行和列数据来自视图的基表，并且在引用视图时动态生成。一旦定义了视图，就可以像使用基表一样使用它，因此，视图对数据库用户来说非常重要。

6.1.1　视图概述

视图是从一个或几个表或视图中导出的虚拟表，其结构和数据是建立在对表的查询基础上的。视图既可以看做是一个虚拟表，也可以看做是一个查询的结果。视图所对应的数据并不实际地以视图结构存储在数据库中，而是存储在视图所引用的表中。

视图一经定义便存储在数据库中，对视图的操作与对表的操作一样，可以对其执行SELECT查询。而且，对于某些视图，也能够用INSERT、DELETE和UPDATE语句修改通过视图可见的数据。当对通过视图看到的数据进行修改时，相应的基本表的数据也要发生变化，若基本表的数据发生变化，则这种变化也可以自动地反映到视图中。

视图有很多优点，主要表现在：

1．提高数据操作效率

视图使用户着重于其感兴趣的某些特定数据和其所负责的特定任务，可以提高数据操作效率。

2．简化操作

视图大大简化了用户对数据的操作。因为在定义视图时，若视图本身就是一个复杂查询的结果集，这样在每一次执行相同的查询时，不必重新写这些复杂的查询语句，只要用一条简单的查询视图语句即可。可见视图向用户隐藏了表与表之间的复杂的连接操作。

3．定制数据

视图能够实现让不同的用户以不同的方式看到不同或相同的数据集。因此，当有许多不同水平的用户共用同一数据库时，这显得极为重要。

4．合并分割数据

在有些情况下，由于表中数据量太大，故在表的设计时常将表进行水平分割或垂直分割，但表结构的变化却对应用程序产生不良的影响。如果使用视图就可以重新保持原有的结构关系，从而使外模式保持不变，原有的应用程序仍可以通过视图来重载数据。

5．安全性

视图可以作为一种安全机制。通过视图，用户只能查看和修改他们所能看到的数据。其他数据库或表既不可见也不可以访问。视图所引用表的访问权限与视图权限的设置互不影响。

在 SQL Server 2008 系统中，可以把视图分为三种类型，即标准视图、索引视图和分区视图。在通常情况下，视图都是标准视图，不存储任何数据，是一个虚拟表。索引视图是一种物理化的视图，它包含了一个唯一的聚集索引，用来加快数据的查询。分区视图是一个或多个服务器的一组表中分区数据的视图，它使所有的数据看起来像保存在同一个表中。本书将重点介绍标准视图，至于其他两类视图，感兴趣的读者可以参考 SQL Server 2008 联机丛书。

6.1.2　创建视图

用户创建的视图可以基于表，也可以基于其他的视图。在 SQL Server 2008 系统中，只能在当前数据库中创建视图，但是被新创建的视图所引用的表或视图可以在不同的数据库中。创建视图的方法主要有两种：一是在对象资源管理器中通过图形化的工具创建；二是通过 T-SQL 语句来创建。

1．在对象资源管理器中创建视图

【例 6-1】 在 XSCJ 数据库的"XSQK"表上，创建一个名为"V_学生信息"的视图，该视图用于显示信息安全专业女生或网络工程专业男生的"学号"、"姓名"、"性别"和"专业名"，要求视图中的列名显示为"学生学号"、"学生姓名"、"性别"和"专业"。

实施步骤如下：

（1）在"对象资源管理器"窗口依次展开"XSCJ"数据库中的"XSQK"表，定位到"视图"节点。

（2）鼠标右键单击"视图"节点，从弹出的菜单中选择"新建视图"命令，会出现如图 6-1 所示的对话框。

图 6-1　"添加表"对话框

（3）选择要定义视图的基表"XSQK"，单击"添加"按钮，然后再单击"关闭"按钮，会出现如图 6-2 所示的窗口。

提示：在该对话框中，可以是数据表，也可以是视图、函数、同义词或它们的组合。在选择时，可以使用〈Ctrl〉键或〈Shift〉键来选择多个表、视图或者函数。

该窗口有四个窗格，从上向下，最上面的是"数据源关系图"窗格，用于显示要创建视图所用的表。第二个是"数据源列表"窗格，用于视图的图形化设计，"表"和"列"用于选择哪些表的哪些列进入视图；"别名"用于设置视图要显示的列名称；"输出"用于确定视图中的哪些列输出；"排序类型"及"排序顺序"用于确定视图中的列是升序还是降序排列及视图中列的排序顺序；"筛选器"、"或..."用于确定基础数据进入视图的条件。第三个是"T-SQL

查询命令"窗格，用于输入创建视图的 SQL 查询语句。最下面的是"查询结果"窗格，用于查看创建视图的执行结果。

图 6-2　定义视图窗格

（4）在"数据源关系图"窗格中，勾选"学号"、"姓名"、"性别"和"专业名"。
（5）在"数据源列表"窗格中，按图 6-3 所示设置视图的别名、条件等。

图 6-3　定义"V_学生信息"视图

（6）在"查询结果"窗格中，右键单击其空白处，从弹出的快捷菜单中选择"执行 SQL"命令，就能在该窗格中显示执行视图的结果信息。

（7）确认结果正确后，单击工具栏中的"保存"按钮，在弹出的对话框中输入合适的视图名称，单击"确定"按钮完成创建视图的操作。

（8）在"对象资源管理器"窗口中展开的"视图"节点，可看到新建的视图，如图 6-4 所示。

提示：由于视图在使用方式上与表没有什么区别，因此为了区分视图和表，通常在命名视图时加前缀 V_或 VIEW_。

2．使用 CREATE VIEW 创建视图

CREATE VIEW 命令用于创建视图。其基本语法格式如下：

图 6-4　查看新建的视图

```
CREATE VIEW  视图名  [(列名 1,列名 2[...n])]
[WITH  ENCRYPTION]
AS
SELECT 语句
[WITH CHECK OPTION]
```

其中，各参数含义如下：

（1）列名：用于指定新建视图中要包含的列名。该列名可省略，如果未指定列名，则视图的列名与 SELECT 语句中的列具有相同的名称。但在下列情况下需要明确指定视图中的列名：

① 列是从算术表达式、函数或常量派生的。

② 在多表连接中有几个同名的列作为视图的列。

③ 需要在视图中为某个列使用新的名字。

（2）WITH ENCRYPTION：对视图的定义进行加密，保证视图的定义不被非法获得。

（3）SELECT 语句：用于定义视图的语句，以便从源表或另一视图中选择列和行构成新视图的列和行。但是在 SELECT 语句中，不能使用 COMPUTE、COMPUTE BY 语句，不能使用 INTO 关键字，不能使用临时表或表变量。另外，使用 ORDER BY 子句时，必须保证 SELECT 语句中的选择列表中有 TOP 子句。

（4）WITH CHECK OPTION：表示在对视图进行 INSERT、 UPDATE 和 DELETE 操作时要保证插入、更新和删除的行满足视图定义中设置的条件。

【例 6-2】 创建一个名为"V_不及格学生信息"的视图，该视图包含所有有不及格课程的学生信息。

```
USE   XSCJ
GO
CREATE   VIEW   V_不及格学生信息
AS
SELECT    DISTINCT XSQK.学号,姓名,专业名
FROM      XSQK, XS_KC
WHERE   XSQK.学号= XS_KC.学号   AND   成绩<60
```

提示：查看视图中的数据可以使用"SELECT ＊ FROM V_不及格学生信息"命令。

【课堂练习 1】 创建一个名为"V_平均成绩"的视图，用于分组汇总查询每个学生的平均成绩，将视图的列名分别改为"学生学号"、"个人平均分"，并加密视图的定义。

6.1.3 查看视图信息

1. 使用系统存储过程查看视图定义的文本

创建视图后，在实际工作中，可能需要查看视图定义，以了解数据从源表中的提取方式。如果想查看有关视图的定义文本，可以使用 sp_helptext 系统存储过程。

【例6-3】 查看 XSCJ 数据库中的"V_不及格学生信息"视图的定义。执行结果如图 6-5 所示。

```
USE    XSCJ
GO
EXEC   sp_helptext     V_不及格学生信息
```

图 6-5　查看视图定义的文本

2. 在对象资源管理器中查看视图属性

【例6-4】 在对象资源管理器中查看"V_不及格学生信息"视图的属性和执行结果。

实施步骤如下：

（1）在"对象资源管理器"中依次展开"XSCJ"数据库的"视图"节点，定位到"V_不及格学生信息"视图节点。

（2）查看视图的属性。鼠标右键单击"V_不及格学生信息"，从弹出的快捷菜单中选择"属性"命令，会出现"视图属性"对话框，在该对话框中，可通过选择"权限"项，查看视图授予用户的操作权限。

（3）查看视图执行的结果。鼠标右键单击"V_不及格学生信息"，从弹出的快捷菜单中选择"前1000行"命令，即可查看到视图执行的结果如图 6-6 所示。

图 6-6 视图 "V_不及格学生信息" 执行的结果

6.1.4 修改视图

如果基表发生变化，或者要通过视图查询更多的信息，读者可以根据需要使用"对象资源管理器"或 T-SQL 命令来修改视图的定义。

1．在对象资源管理器中修改视图

【例 6-5】 修改 "V_不及格学生信息" 视图，要求在视图中增加 "课程名" 和 "成绩" 两列的信息。

实施步骤如下：

（1）在"对象资源管理器"中依次展开"XSCJ"数据库下的"视图"节点，定位到"V_不及格学生信息"视图节点。

（2）鼠标右键单击"V_不及格学生信息"视图，在弹出的快捷菜单中选择"设计"命令，会出现如图 6-7 所示的窗口。

图 6-7 修改 "V_不及格学生信息" 视图

（3）鼠标右键单击"数据源关系图"窗格，在弹出的快捷菜单中选择"添加表"命令，从出现的"添加表"对话框中选择"KC"表，并单击"添加"按钮，然后再单击"关闭"按钮。

（4）在"数据源关系图"窗格中，勾选"KC"表中的"课程名"和"XS_KC"表中的"成绩"，如图 6-8 所示。

（5）单击工具栏中的"保存"按钮即可完成视图的修改。

图 6-8　修改完成的"V_不及格学生信息"视图

提示：在"数据源列表"窗格中，两个成绩列可以合并成一行，如何合并请同学们自行思考。

2. 使用 ALTER　VIEW 语句修改视图

用户可以使用 ALTER VIEW 命令来对视图进行修改。其语法格式如下：

ALTER　VIEW　视图名 [(列名 1,列名 2[,...n])]
[WITH　ENCRYPTION]
AS
SELECT 语句
[WITH CHECK OPTION]

其中，各参数含义与创建视图 CREATE VIEW 命令的参数相同，在此不再重复。

【例 6-6】 修改"V_学生信息"视图，使该视图用于查询是班委成员的男生信息，并强制检查指定的条件。

USE　XSCJ
GO

```
ALTER   VIEW   V_学生信息
AS
SELECT   学号,姓名,性别,所在系,备注 AS 职务
FROM    XSQK
WHERE   性别=1   AND   备注   LIKE   '%'
WITH   CHECK   OPTION
GO
SELECT   *   FROM    V_学生信息
```

上述语句执行后的结果如图 6-9 所示。

图 6-9   查询视图修改后的结果

提示：如果在创建视图时使用了 WITH ENCRYPTION 或 WITH CHECK OPTION 子句，并且要保留选项提供的功能，则必须在 ALTER VIEW 命令中包含它，否则这些选项不再起作用。

【课堂练习2】 修改视图 "V_学生信息"，增加输出列 "出生日期" 和 "专业名"。

6.1.5 通过视图添加、更新、删除表数据

除了在 SELECT 语句中使用视图作为数据源进行查询以外，还可以在 "对象资源管理器" 窗口中打开视图对象，直接在视图中对数据进行添加、更新和删除，也可以使用 INSERT、UPDATE 和 DELETE 语句通过视图对数据表的数据进行添加、更新和删除操作。但是通过视图添加、更新和删除数据与表相比有一些限制，使用视图对数据表的记录数据进行操作时，所创建的视图必须满足以下条件：

（1）视图的字段中不能包含通过计算得到值的列、有内置函数的列等。

（2）创建视图的 SELECT 语句不能使用 GROUP BY、UNION、DISTINCT 或 TOP 子句。

（3）当视图依赖多个数据表时，可以修改由多个基表得到的视图，但是每一次修改的数据只能影响一个基表。

（4）不能删除依赖多个数据表的视图。

另外，如果对视图插入数据，且该视图的基表有一个没有默认值的列或有一个不允许空的列，且该列没有出现在视图的定义中，就会产生一个错误消息。下面通过具体的例子来讲述通过视图添加、更新、删除数据及其使用的限制。

1. 在对象资源管理器中添加、更新和删除数据

【例6-7】 通过"V_学生信息"视图添加数据。

（1）在"对象资源管理器"中依次展开"XSCJ"数据库下的"视图"节点，定位到"V_学生信息"视图。

（2）鼠标右键单击该视图，在弹出的快捷菜单中选择"编辑前200行"命令，会打开视图数据的编辑窗口，按图6-10所示输入一条记录。

图6-10 在"V_学生信息"视图中添加一条记录

（3）将光标定位到末行，刚才输入的记录已添加到视图中。

（4）打开"XSQK"表，可发现该条记录已成功添加到表中，如图6-11所示。

图6-11 通过视图添加的新记录

（5）如果按图 6-12 所示输入另一条记录，当光标定位到末行时，会出现如图 6-13 所示的添加数据失败的提示框，这是因为通过视图添加数据时，要检查"V_学生信息"视图中设置的条件，即"性别=1　AND　备注　LIKE　'%'"，如果不符合这个条件，则无法添加数据。

图 6-12　在"V_学生信息"视图中添加另一条记录

图 6-13　添加数据失败的提示框

说明：如果要通过视图修改数据，则可以直接在图 6-10 所示的窗口中，单击要修改的数据进行修改；如果要删除数据，则可以直接在图 6-10 所示的窗口中，右键单击要删除数据行的最左列，从弹出的快捷菜单选择"删除"命令即可。

2．使用 T-SQL 语句添加、更新、删除数据

使用 T-SQL 语句进行视图数据的查询、插入、修改与删除，其语法格式和对表中数据的查询、插入、修改与删除操作非常相似。

【例 6-8】 通过"V_学生信息"视图添加一条记录。执行结果如图 6-14 所示。

```
USE    XSCJ
GO
INSERT    INTO    V_学生信息
VALUES( '2012130112',    '陈立',1, '1996-05-08', '信息安全', '计算机应用', '体育委员')
GO
SELECT    *    FROM    XSQK
```

图 6-14 以命令方式通过视图向表中添加数据

请思考：如果插入如下所示的记录，会出现什么情况？

INSERT   INTO   V_学生信息
VALUES('2012130211',   '刘兰',0, '1996-09-28','网络工程', '计算机应用', NULL)

【例 6-9】 将"V_学生信息"视图中的"张俊伟"的职务改为"团支书"。

USE   XSCJ
GO
UPDATE   V_学生信息
SET   职务='团支书'
WHERE   姓名='张俊伟'
GO
SELECT   *   FROM   XSQK

成功执行上述语句后，查看该视图基表 XSQK 中的数据，如图 6-15 所示。

【例 6-10】 通过"V_学生信息"视图删除"张俊伟"的记录。

DELETE   FROM   V_学生信息
WHERE   姓名='张俊伟'

成功执行上述语句后，打开该视图的基表 XSQK，发现表中这一行数据已被删除。

由于通过视图操作数据表的限制较多，在实际应用中可以单独创建查看数据的视图，需要时再单独创建符合更新条件、用于输入和更新数据表的视图。

【课堂练习 3】 尝试在视图"V_不及格学生信息"中插入一行数据，修改和删除视图中的数据，可以分别采用图形化界面方式和命令方式来操作。

图 6-15　通过视图修改表数据

6.1.6　删除视图

在创建视图后，如果不再需要该视图，或想清除视图定义及与之相关联的权限，可以删除该视图。删除视图后，表和视图所基于的数据并不受影响，删除的是一个对象，因此任何使用基于已删除视图对象的查询将会失败。

同创建视图一样，删除视图也可以选择在图形化界面方式和命令方式，下面分别讲述。

1．在对象资源管理器中删除视图

【例 6-11】 删除"V_不及格学生信息"视图。

实施步骤如下：

（1）在"对象资源管理器"中依次展开"XSCJ"数据库下的"视图"节点，定位到"V_学生信息"视图。

（2）鼠标右键单击该视图，在弹出的快捷菜单中选择"删除"命令，会出现"删除对象"对话框，单击其中的"显示依赖关系"按钮，可查看删除该视图对数据库的影响，如图 6-16所示。

（3）单击"确定"按钮即可删除视图。

2．使用 DROP　VIEW 语句删除视图

用户可以使用 DROP VIEW 命令从当前数据库中删除一个或多个视图。其语法格式如下：

```
DROP　VIEW　视图名 [,...n]
```

图 6-16 "删除对象"对话框

6.2 索引

用户对数据库最频繁的操作是进行数据查询。一般情况下，数据库在进行查询操作时需要对整个表进行数据检索。当表中的数据很多时，检索数据就需要很长的时间，这就造成了服务器的资源浪费。为了提高检索数据的能力，数据库引入了索引机制。

6.2.1 索引概述

索引是对数据库表中一个或多个列的值进行排序的结构，它由该表的一列或多个列的值，以及指向这些列值对应记录存储位置的指针所组成，是影响数据库性能的一个重要因素，由数据库进行管理和维护。索引是依赖于表建立的，它提供了数据库中编排表中数据的内部方法。一个表的存储是由两部分组成的：一部分用来存放表的数据页面；另一部分存放索引页面。索引就存放在索引页面上，通常，索引页面相对于数据页面来说小得多。当进行数据检索时，系统先搜索索引页面，从中找到所需数据的指针，再直接通过指针从数据页面中读取数据。数据库使用索引的方式与我们使用书的目录很相似，它是表中数据和相应存储位置的列表，是一种树状结构，目的是用来加快访问数据表中的特定信息。

索引的建立有利也有弊，建立索引可以提高查询速度，但过多地建立索引会占据很多的磁盘空间。所以在建立索引时，数据库管理员必须权衡利弊，让索引带来的有利效果大于带来的弊病。通常情况下，对于经常被查询的列、在 ORDER BY 子句中使用的列、主键或外键列等可以建立索引，而对于那些在查询中很少被引用的列不适合建立索引，数据类型为 bit、text 和 image 等的列不能建立索引，特别是当 UPDATE 的性能需求远大于 SELECT 的性能需求时不应该创建索引。

在 SQL Server 2008 系统中，总的来说有两种类型的索引：聚集索引和非聚集索引。

1．聚集索引（Cluster Index）

聚集索引非常类似于书的目录，表中各行的物理存储顺序与索引的顺序相同。因为每个表中的记录只能按照一种物理顺序存放，所以每个数据表中只能包含一个聚集索引。

聚集索引根据数据行的键值在表或视图中排序和存储数据行。只有当表包含聚集索引时，表中的数据行才按排序顺序存储。如果表具有聚集索引，则该表称为聚集表。如果表没有聚集索引，则其数据行存储在一个称为堆的无序结构中。创建一个聚集索引，需要的磁盘空间大约是数据表实际数据量的 1.2 倍。

2．非聚集索引（Non-cluster Index）

非聚集索引类似于书后面的标准索引表，表中各行的物理存储顺序与索引顺序不相同。非聚集索引中数据存储在一个地方，索引存储在另一个地方，索引带有指针指向数据的存储位置。SQL Server 2008 在搜索数据值时，会先对非聚集索引进行搜索，找到数据值在数据表中的位置，然后，从该位置直接检索数据。每个数据表可以有多个非聚集索引。

除此之外，还有唯一索引、复合索引、全文索引和 XML 索引等概念。

（1）唯一索引确保索引键不包含重复的值，聚集索引和非聚集索引都可以被指定为唯一索引。

（2）复合索引是指在多个字段上创建索引，包括聚集索引和非聚集索引。

（3）全文索引是一种特殊类型的给予标记的功能性索引，用于帮助在字符串数据中搜索复杂的词。

（4）XML 索引是在 XML 数据类型列设置的索引。

6.2.2　创建索引

在 SQL Server 2008 中创建索引的方法主要有两种：一是在"对象资源管理器"窗口中通过方便的图形化工具创建；二是通过 T-SQL 语句创建。

1．在对象资源管理器中创建索引

【例 6-12】 已知 XSQK 表中的"学号"列已设置为主键，请在"姓名"和"所在系"两列上创建名为"ix_name_xi"的索引，按姓名降序排列。

分析：根据题意，XSQK 表上已设置"学号"为主键，即系统自动创建了一个聚集的唯一索引，另外，由于在同一个系可能存在同名的情况，所以，本题要创建的索引只能是一个非聚集的非唯一的索引。

实施步骤如下：

（1）在"对象资源管理器"窗口依次展开"XSCJ"数据库中的"XSQK"表，定位到"索引"节点。

（2）鼠标右键单击"索引"节点，在弹出的快捷菜单中单击"新建索引"命令，会出现

如图 6-17 所示的对话框。

图 6-17 "新建索引"对话框

（3）在对话框的"索引名称"框中输入"ix_name_xi"，索引类型选择为"非聚集"。

（4）单击"添加"按钮，在打开的对话框中勾选索引键列，如图 6-18 所示。

图 6-18 选择列

（5）单击"确定"按钮返回到"新建索引"对话框，在"索引键列"列表中，设置"姓名"的排序顺序为"降序"，如图 6-19 所示。

图6-19　设定索引键列的属性

（6）单击"确定"按钮，创建索引完成。

另外用户还可以通过选择对话框左列的"选项"来设置索引的参数，通过"包含行列"选项来为索引添加非键值辅助列，通过"存储"选项来选择索引存储文件组等参数。

提示： 在创建主键约束时，系统会自动创建一个唯一性的聚集索引。在创建唯一性约束时，系统会自动创建一个唯一性的非聚集索引。

2．使用 CREATE　INDEX 创建索引

使用 CREATE INDEX 语句可以创建出符合用户需要的索引。使用这种方法，通过选项可以指定索引类型、唯一性、包含性和复合性。可以创建聚集索引和非聚集索引，既可以在一个列上创建索引，也可以在两个或两个以上的列上创建索引。

CREATE INDEX 命令的基本语法格式如下：

```
CREATE [UNIQUE] [CLUSTERED | NONCLUSTERED]　INDEX　索引名
ON {表名　| 视图名} (列名　[ASC | DESC] [,...n])
[WITH　<索引选项> [,...n] ]
[ON　文件组名]
```

其中，<索引选项>为以下属性的组合：

```
{ PAD_INDEX= {ON|OFF}
| FILLFACTOR=填充因子
| SORT_IN_TEMPDB
| IGNORE_DUP_KEY
```

```
| STATISTICS_NORECOMPUTE
| DROP_EXISTING
}
```

其中，各参数的说明如下：

（1）UNIQUE：该选项用于创建唯一索引，此时 SQL Server 不允许数据行中出现重复的索引值。

（2）CLUSTERED：该选项用于创建聚集索引，它的顺序和数据行的物理存储顺序一致。创建聚集索引时，表中数据行会按照聚集索引指定的物理顺序进行重排，因此最好在创建表时创建聚集索引。如果在 CREATE INDEX 命令中没有指定 CLUSTERED 选项，则默认使用 NONCLUSTERED 选项，创建一个非聚集索引。

（3）NONCLUSTERED：该选项用于创建一个非聚集索引，此时行的物理排序独立于索引排序。

（4）FILLFACTOR：该选项用于指定在 **SQL Server** 创建索引的过程中，各索引页叶级的填满程度（百分比）。如果某个索引页填满，SQL Server 就必须花时间拆分该索引页，以便为新行腾出空间，这需要很大的开销。因此，对于更新频繁的表，选择合适的填充因子可以获得更好的更新性能。用户指定的填充因子可以设置为从 0 到 100。

（5）PAD_INDEX：该选项用于指定维护索引用的中间级的每个索引页上保留的可用空间。PAD_INDEX 选项只有在指定了 FILLFACTOR 时才有用，因为 PAD_INDEX 使用由 FILLFACTOR 所指定的百分比。

（6）IGNORE_DUP_KEY：该选项用于控制当尝试向属于唯一索引（包括唯一聚集索引和唯一非聚集索引）的列插入重复的键值时所发生的情况。当执行创建重复键的 INSERT 语句时，如果没有为索引指定 IGNORE_DUP_KEY 选项，SQL Server 会发出一条警告消息，并回滚整个 INSERT 语句；而如果为索引指定了 IGNORE_DUP_KEY 选项，则 SQL Server 将只发出警告消息而忽略重复的行。

（7）DROP_EXISTING：该选项用于在创建索引时删除并重建指定的已存在的索引，如果指定的索引不存在，系统会给出警告消息。

（8）STATISTICS_NORECOMPUTE：该选项指定过期的索引统计不进行自动重新计算。

（9）SORT_IN_TEMPDB：该选项指定用于生成索引的中间排序结果存储在 Tempdb 数据库中。如果 Tempdb 数据库与用户数据库不在同一磁盘集上，则使用此选项可能会减少创建索引所需的时间，但会增加创建索引时使用的磁盘空间。

【例 6-13】为 XS_KC 表创建非聚集索引 IX_XS_KC_学号_课程号，该索引包括学号和课程号两个索引列，均按升序排列。

```
USE    XSCJ
CREATE  INDEX  IX_XS_KC_学号_课程号
ON    XS_KC (学号,课程号)
```

【例 6-14】对【例 6-13】作一点修改，使该索引变为唯一性的非聚集索引。由于索引已经存在，所以使用 DROP_EXISTING 选项删除同名的原索引，然后再创建新索引。

```
USE    XSCJ
```

```
CREATE   UNIQUE   INDEX IX_XS_KC_学号_课程号
ON      XS_KC (学号,课程号)
WITH     DROP_EXISTING
```

请思考：能不能将该索引改为唯一性的聚集索引？

【例 6-15】 为 XSQK 表创建索引 IX_XSQK_姓名，索引键列是"姓名"列，非键值列是"联系电话"列。创建后，"联系电话"列包含在了"IX_XSQK_姓名"非聚集索引的页级中。

```
USE    XSCJ
CREATE   UNIQUE    NONCLUSTERED   INDEX IX_XSQK_姓名
ON      XSQK(姓名)
INCLUDE(联系电话)
```

执行以上实例后，在对象资源管理器中刷新后，即可看到所创建的索引，如图 6-20 所示。

图 6-20   已创建的索引

提示：当在表上定义主键或唯一性约束时，如果表中已经有了使用 CREATE INDEX 语句创建的标准索引，则主键约束或唯一性约束创建的索引就会覆盖以前创建的索引。

6.2.3   查看索引信息

创建索引后，可以查看索引信息。一种是在"对象资源管理器"中打开索引属性框查看索引信息，另一种是通过 T-SQL 语句查看索引信息。

在对象资源管理器中，选中要查看的索引，比如：鼠标右键单击"IX_XS_KC_学号_课程号"索引，在弹出的快捷菜单中单击"属性"命令，系统就会打开如图 6-21 所示的对话框。

图 6-21 "索引属性"对话框

除此之外，使用系统存储过程 sp_helpindex 查看索引信息，语法格式如下：

[EXEC] sp_helpindex 表名 | 视图名

【例 6-16】 查看表 XSQK 中的索引信息。

USE XSCJ
EXEC sp_helpindex XSQK

执行后，其结果如图 6-22 所示。结果集中包括三列：index_name 表示索引的名称；index_description 为索引说明；index_keys 列出了索引列。

图 6-22 使用系统存储过程查看索引信息

6.2.4 修改索引

当数据更改了以后,要重新生成索引、重新组织索引或者禁止索引。重新生成索引表示删除索引并且重新生成,这样可以根据指定的填充度压缩页来删除碎片、回收磁盘空间和重新排序索引。重新组织索引对索引碎片的整理程序低于重新生成索引。禁止索引则表示禁止用户访问索引。

1. 在对象资源管理器中修改索引

【例 6-17】 修改【例 6-12】中创建的"ix_name_xi"索引,使索引页填满 60% 后就换新页进行填充。

实施步骤如下:

(1)在"对象资源管理器"中依次展开"XSCJ"数据库的"XSQK"表中的"索引"节点,定位到"ix_name_xi"索引节点。

(2)鼠标右键单击该索引,从弹出的快捷菜单中单击"属性"命令,在出现的对话框中,单击"选择页"列表框中的"选项",按图 6-23 所示设置填充因子为"60"。

(3)单击"确定"按钮,完成修改操作。

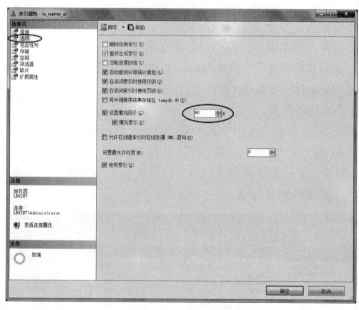

图 6-23 修改索引

2. 使用 ALTER INDEX 语句修改索引

使用 ALTER INDEX 语句修改索引,基本语法格式如下:

    ALTER INDEX 索引名 ON 表名 | 视图名 { REBUILD | REORGANIZE | DISABLE }

其中,REBUILD 表示重新生成索引;REORGANIZE 表示重新组织索引;DISABLE 表示禁用索引。

【例 6-18】 重新生成 IX_XS_KC_学号索引。

```
USE    XSCJ
GO
ALTER   INDEX   IX_XS_KC_学号   ON   XS_KC   REBUILD
```

提示：禁用索引可防止用户访问该索引，对于聚集索引，还可防止用户访问基本表数据。索引定义仍保留在系统目录中。通过重新生成索引可以重新启用已禁用的索引。

6.2.5 建立全文索引

在数据库中快速搜索数据，使用索引可以提高搜索速度，然而索引一般是建立在数字型或长度比较短的文本型字段上的，比如编号、姓名等字段，如果建立在长度比较长的文本型字段上，更新索引将会花费很多的时间。

在 SQL Server 中提供了一种名为全文索引的技术，可以大大提高从长字符串里搜索数据的速度，全文索引为在字符串数据中进行复杂的词搜索提供了有效的支持。全文索引存储关于重要词和这些词在特定列中的位置信息，然后由全文检索利用这些信息，就可快速搜索包含具体某个词或一组词的数据行。

在 SQL Server 2008 系统中，全文索引是一个单独的服务项，需要确保该服务已启动，如果要在某个数据库中创建全文索引，则还要启用数据库的全文索引。全文索引包含在全文目录中，每个数据库可以包含多个全文目录，而每个目录又可包含多个全文索引。但是一个目录不能属于多个数据库，一个表页只能有一个全文索引。

为了支持全文索引和检索操作，SQL Server 提供了一组系统存储过程，来完成相关操作，同时，也可以通过 Management Studio 界面方式完成操作。

1. 开启 SQL Full-text 服务

SQL Server 2008 的全文索引是由 SQL Full-text Filter Daemon Launcher 服务来维护的，该服务可以在 Windows 操作系统的"管理工具"下的"服务"里找到，如图 6-24 所示，在此可以启动、停止、暂停、恢复和重新启动该服务。只有 SQL Full-text Filter Daemon Launcher 服务在启动状态时，才能使用全文索引。

图 6-24   开启 SQL Full-text 服务

提示： 不同版本 SQL Server 全文检索服务名称可能稍有不同，如果服务列表中没有这个服务，请使用 SQL Server 安装光盘安装"全文检索"组件。

2. 启用全文索引

    EXEC　sp_fulltext_database　'action'

其中，action 参数指示将要执行的动作，可以是 enable（启用）或 disable（禁用）。

【例 6-19】 为"XSCJ"数据库启用全文索引。

    USE　XSCJ
    EXEC　sp_fulltext_database　　'enable'

3. 创建全文目录

全文目录的作用是存储全文索引，所以，要创建全文索引必须先创建全文目录。

【例 6-20】 用界面方式为"XSCJ"数据库创建全文目录，其全文目录名为"XSCJ 全文目录"，并保存在 E 盘。

实施步骤如下：

（1）在"对象资源管理器"窗口中依次展开"XSCJ"数据库中的"存储"节点，定位到"全文目录"节点。

（2）鼠标右键单击该节点，在弹出的快捷菜单中单击"新建全文目录"命令，会出现如图 6-25 所示的对话框。

图 6-25 "新建全文目录"对话框

（3）在该对话框的"全文目录名称"文本框内输入"XSCJ 全文目录"；在"所有者"文本框里可以输入全文目录的所有者；选中"设置为默认目录"复选框可以将此目录设置为全文目录的默认目录；默认存储在"Program Files\Micros oft SQL Server\MSSQL.1\MSSQL\FTData"目录下；在"区分重音"区域选择"区分"单选按钮，用于指明目录要区分标注字符。

（4）单击"确定"按钮，完成操作。

创建好了全文目录后，可以很方便地通过界面方式查看、修改和删除全文目录。

使用 T-SQL 命令创建全文目录的语法格式如下：

```
EXEC   sp_fulltext_catalog   'fulltext_catalog_name',   'action' [,'root_directory']
```

其中，各参数的说明如下：

① fulltext_catalog_name：是全文目录名称。

② action：是将要执行的动作，可以是 create（建立）、start_full（填充）、start_incremental（增量填充）、stop（停止）、drop（删除）或 rebuild（重建）。

③ root_directory：是针对 create 动作的根目录，默认安装时指定的默认位置。

【例 6-21】 为"XSCJ"数据库在默认位置创建一个全文目录"FTC_xscj"。

```
USE    XSCJ
EXEC   sp_fulltext_catalog   'FTC_xscj' , 'create'
```

4．创建全文索引

在创建全文索引之前，必须先了解创建全文索引要注意的事项：

（1）全文索引是针对数据表的，只能对数据表创建全文索引，不能对数据库创建全文索引。

（2）在一个数据库中可以创建多个全文目录，每个全文目录都可以存储一个或多个全文索引，但是每一个数据表只能够创建一个全文索引，一个全文索引中可以包含多个字段。

（3）要创建全文索引的数据表必须要有一个唯一的针对单列的非空索引，也就是说，必须要有主键，或者是具备唯一性的非空索引，并且这个主键或具有唯一性的非空索引只能是一个字段，不能是多字段的组合。

（4）包含在全文索引里的字段只能是字符型的或 image 型的字段。

在创建完全文目录之后，可以动手创建全文索引了。

【例 6-22】 通过界面方式为"XSCJ"数据库的"KC"表创建全文索引。

实施步骤如下：

（1）在"对象资源管理器"中展开"XSCJ"数据库，定位到"KC"表节点。

（2）鼠标右键单击"KC"表，在弹出的快捷菜单选择"全文索引"→ 单击"定义全文索引"命令，会出现如图 6-26 所示的对话框。

（3）在该对话框中，单击"下一步"按钮，会出现如图 6-27 所示的对话框。

（4）在该对话框的"唯一索引"下拉列表框中，选择要创建全文索引的数据表的唯一索引，单击"下一步"按钮，会出现如图 6-28 所示的对话框。

（5）在该对话框中，选择要加入全文索引的字段"课程号"，单击"下一步"按钮，会出现如图 6-29 所示的对话框。

SQL Server 2008 可以对存储在 image 类型的字段中的文件进行全文搜索。image 类型的字段中可以存入各种文件，但是 SQL Server 2008 只支持 Word、Excel、PowerPoint、网页和纯文本文件类型。如果要对 image 类型的字段里的文件进行全文搜索，必须还要有一个字符串类型的字段用于指明存储在 image 类型的字段中的文件的扩展名。

图 6-26 "全文索引向导"对话框

图 6-27 "选择索引"对话框

图 6-28 "选择表列"对话框

图 6-29 "选择更改跟踪"对话框

（6）在该对话框中，选择定义全文索引的"自动"更新方式，单击"下一步"按钮，会出现如图 6-30 所示的对话框。

说明：选中"自动"单选按钮后，当基础数据发生更改时，全文索引将自动更新；如果不希望基础数据发生更改时自动更新全文索引，则请选中"手动"单选按钮。对基础数据的更改将保留下来。不过，若要将更改应用到全文索引，必须手动启动或安排此进程；如果不希望使用基础数据的更改对全文索引进行更新，则请选中"不跟踪更改"单选按钮。

图 6-30 "选择目录"对话框

（7）在该对话框中，选择全文索引所存储的全文目录"FTC_xscj"，单击"下一步"按钮，会出现如图6-31所示的对话框。

图6-31 "定义填充计划"对话框

（8）在该对话框中，可以创建全文索引和全文目录的填充计划，也可以单击"下一步"，在创建完全文索引后再创建填充计划。

（9）弹出如图6-32所示的"全文索引向导说明"对话框，在该对话框里可以看到全文索引要完成的工作说明，如果有不正确的设置，可以单击"上一步"按钮返回去重新设置，如果完全正确，则单击"完成"按钮完成操作。

图6-32 "全文索引向导说明"对话框

在创建完全文索引之后，可以很方便地通过界面方式完成全文索引的查看、删除、启动或禁用等操作，如图 6-33 所示。

图 6-33　全文索引的相关操作

使用 T-SQL 语句创建全文索引，其语法格式如下：

　　EXEC　sp_fulltext_table　'table_name', 'action', 'fulltext_catalog_name', 'unique_index_name'

其中，各参数的说明如下：

① table_name：是当前数据库中表的名称。

② action：是要执行的动作，可以是 create（创建）、activate（激活）、deactivate（停用）或 drop（删除）。

③ fulltext_catalog_name：是全文目录名称。

④ unique_index_name：是指定表上基于单列的唯一索引，如果不存在，则需要先创建，并只针对 create 动作有效。

【例 6-23】　利用唯一索引 PK_kc_1，用命令方式完成【例 6-22】中全文索引的创建。

　　USE XSCJ
　　EXEC　sp_fulltext_table　'KC', 'create', 'FTC_xscj', 'PK_kc_1'

【课堂练习 5】　采用界面方式或 T-SQL 命令方式，为 XSQK 表创建合适的全文索引。

5．添加列到全文索引

```
EXEC sp_fulltext_column 'table_name', 'column_name', 'action'
```

其中，action 参数可以是 add（添加）或 drop（删除）。

【例6-24】 将 KC 表中的"课程名"列添加到全文索引中。

```
USE   XSCJ
EXEC   sp_fulltext_column   'KC', '课程名', 'add'
```

【例6-25】 激活表的全文检索能力，在全文目录中注册表 KC。

```
EXEC   sp_fulltext_table   'KC', 'activate'
```

【例6-26】 填充全文目录。

```
EXEC   sp_fulltext_catalog   'FTC_xscj',   'start_full'
```

6.2.6 删除索引

当不再需要某个索引时，可以将它从数据库中删除，删除索引可以收回索引所占用的存储空间，给其他数据库对象使用。

1．在对象资源管理器中删除索引

在"对象资源管理器"中，鼠标右键单击要删除的索引，在弹出的快捷菜单中选择"删除"命令，会出现如图 6-34 所示的对话框，单击"确定"按钮，删除索引。

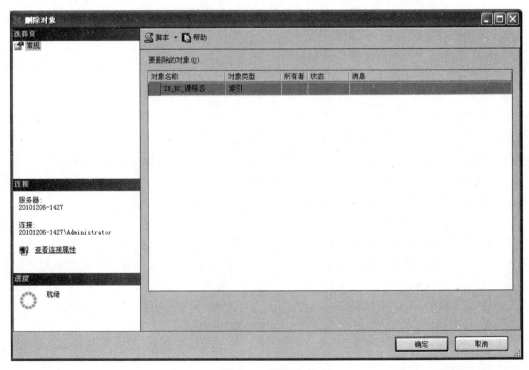

图 6-34 删除索引

2．使用 DROP INDEX 语句删除索引

使用 DROP INDEX 语句删除索引，语法格式如下：

DROP　　INDEX　{表名.|视图名.} 索引名 [,…n]

【例6-27】 删除"XSQK"表中的"IX_xsqk_姓名"索引。

```
USE    XSCJ
GO
DROP    INDEX    IX_xsqk_姓名  ON  XSQK
```

提示：创建主键（PRIMARY KEY）或者唯一（UNIQUE）性约束后，SQL Server 2008会自动为表创建索引，删除这些索引之前，必须先删除主键或唯一性约束。

【课后习题】

一、填空题

1．在 SQL Server 中，视图分为三类，即：_____、_____、_____。

2．如果要加密视图的定义，可以在创建视图时使用_____关键字。

3．查看视图定义的 T-SQL 语句的系统存储过程是_____。

4．根据索引的顺序和数据表的物理顺序是否相同，可以把索引分成两种类型：_____和_____。

5．索引一旦创建，将由_____自动管理和维护。

6．在每次访问视图时，视图都是从_____中提取所包含的行和列。

7．SQL Server 提供的索引类型包括以下几种：_____、_____、_____、_____、_____和_____。

8．索引既可以在_____时创建，也可以在以后的任何时候创建。

9．在 SQL Server 中，通常不需要用户建立索引，而是通过使用_____约束和_____约束，由系统自动建立索引。

10．SQL Server 中引入索引主要是为了加快_____速度，也可保证数据的唯一性。

二、选择题

1．下列关于视图的描述中，错误的是（　　）。

　　A．视图不是真实存在的基础表，而是一张虚拟表。

　　B．当对通过视图查询到数据进行修改时，相应的基表的数据也要发生变化。

　　C．在创建视图时，若其中某个目标列是聚合函数，必须指明视图的全部列名。

　　D．在一个语句中，一次可以修改一个以上的视图对应的基表。

2．使用 T-SQL 语句创建视图时，一般情况下不能使用的关键字是（　　）。

　　A．FROM　　　　　　　　　　　B．WHERE

　　C．COMPUTE　　　　　　　　　D．CHECK OPTION

3．以下不属于视图特征描述的是（　　）。

　　A．数据视点集中　　　　　　　　B．数据物理独立

C．简化操作　　　　　　　　　　　D．增强安全性

4．数据库中的物理数据存储在下列哪种对象中（　　　）。

　　A．表　　　　　　　　B．视图　　　　C．查询　　　　　　　　D．以上都可以

5．为数据表创建索引的目的是（　　　）。

　　A．提高查询的检索性能　　　　　　B．创建唯一索引

　　C．创建主键　　　　　　　　　　　D．归类

6．要提高一个庞大数据库的查询性能，并要求在真实的数据库中保存排好序的数据，可以进行的操作是（　　　）。

　　A．创建数据库的一个视图　　　　　B．在数据库中创建一个非聚集索引

　　C．在数据库中创建一个聚集索引　　D．在数据库中创建一个约束

7．下面关于索引的描述不正确的是（　　　）。

　　A．索引是一个指向表中数据的指针

　　B．索引是在元组上建立的一种数据库对象

　　C．索引的建立和撤销对表中的数据毫无影响

　　D．表被撤销时将同时撤销在其上建立的索引

8．使视图定义被加密的子句是（　　　）。

　　A．with　norecovery　　　　　　B．with　nocheck

　　C．with　init　　　　　　　　　D．with　encryption

9．以下关于索引的正确叙述是（　　　）。

　　A．使用索引可以提高数据查询速度和数据更新速度

　　B．使用索引可以提高数据查询速度，但会降低数据更新速度

　　C．使用索引可以提高数据查询速度，对数据更新速度没有影响

　　D．使用索引对数据查询速度和数据更新速度均没有影响

10．创建视图的命令是（　　　）。

　　A．CREATE　SCHEMA　　　　　B．CREATE　TABLE

　　C．CREATE　VIEW　　　　　　　D．CREATE　INDEX

三、判断题

1．在每次访问视图时，视图都是从数据基表中提取所包含的行和列。

2．删除视图中的数据，不会影响数据基表中的原始数据。

3．索引只能用 CREATE INDEX 命令直接创建，不能通过其他方式创建。

4．修改基表的数据时，一定能从视图中反映出来。

5．每个数据表可以有多个聚集索引。

6．聚集索引使表中各行的物理存储顺序与索引的顺序不相同。

7．索引既可以提高检索数据的速度，也可以提高修改数据的速度。

8．使用命令 DROP INDEX 能删除所有的索引。

9．当 UPDATE 的性能需求远大于 SELECT 的性能需求时不应该创建索引。

10．在添加主键约束时，系统会自动生成聚集唯一索引。

11．为了提高 Update 语句的性能，最好不要索引。

12．要想提高 Select 语句的性能，需要增加索引。

【课外实践】

任务 1：创建视图。

要求：在 XSCJ 数据库的 KC 表上，创建一个名为"V_开课信息"的视图，该视图中包含 "课程号"、"课程名"、"开课学期"和"学时"列，并且限定视图中返回的行中只包括第 3 学期及其以后开课的课程信息。

任务 2：创建视图。

要求：在 XSCJ 数据库的 XSQK 表上，创建一个视图，显示"多媒体技术"专业学生的选课信息，只显示姓名和课程名。

任务 3：创建索引。

由于在学生选课时经常按"课程名"查询课程信息，请为该字段建立合适的索引。

第7章 规则与默认值

🔖【学习目标】
- 了解规则的作用、规则与约束的区别
- 掌握规则的创建、绑定、解绑和删除
- 掌握默认值的创建、绑定、解绑和删除

7.1 规则

规则就是对数据库中数据表的列或用户自定义数据类型中的值的规定和限制。规则是单独存储的独立的数据库对象。规则与其作用的表或用户自定义数据类型是相互独立的，即表或用户自定义对象的删除、修改不会对与之相连的规则产生影响。规则对象在功能上与CHECK 约束是一样的，但在使用上有所区别。CHECK 约束是在创建表或修改表时定义，嵌入到被定义的表的结构中，在删除表的同时 CHECK 约束也被删除。而规则对象需要用语句进行定义，作为一种单独存储的数据库对象，它独立于表之外，需要使用语句删除规则对象。

7.1.1 创建规则

在 SQL Server 2008 中，不再提供图形化的界面创建规则，必须用命令来创建规则。CREATE RULE 命令用于在当前数据库中创建规则，其语法格式如下：

> CREATE　RULE　规则对象名　AS　条件表达式

其中条件表达式可以是能用于 WHERE 条件子句中的任何表达式，它可以包含算术运算符、关系运算符和谓词（如 IN、LIKE 和 BETWEEN…AND）等。

注意：注意逻辑表达式中包含一个局部变量，以符号@开头，代表修改该列的记录时用户输入的数值。

【例 7-1】 创建数据库 XSCJ 的规则，规则名为 CJ_rule，要求表 dbo.XS_CJ 中成绩列的取值范围为 0~100。运行结果如图 7-1 所示。

> USE　XSCJ
> GO
> CREATE　RULE　CJ_rule
> AS
> @成绩>=0　AND　@成绩<=100

在规则创建好后，可以用系统存储过程 sp_helptext 来查看规则的细节。具体语法如下：

> [EXEC]　sp_helptext　规则对象名

图 7-1 创建规则

【例 7-2】 查看规则 CJ_rule。运行结果如图 7-2 所示。

EXEC   sp_helptext   CJ_rule

图 7-2 查看规则

7.1.2 绑定和解绑规则

创建规则后，规则仅仅只是一个存在于数据库中的对象，并未发生作用。需要将规则与数据库表或用户自定义对象绑定起来，才能达到创建规则的目的。所谓绑定就是指定规则作用于哪个表的哪一列或哪个用户自定义数据类型。表的一列或一个用户自定义数据类型只能与一个规则相绑定，而一个规则可以绑定多对象。

同创建规则一样，在 SQL Server 2008 中，绑定规则和解除绑定也必须用命令来完成。

1. 用存储过程 sp_bindrule 绑定规则

存储过程 sp_bindrule 可以绑定一个规则到表的一个列或一个用户自定义数据类型上。其语法格式如下：

> [EXEC]　sp_bindrule　[@rulename =] '规则对象名', [@objname =] 'object_name'

其中，[@objname =] 'object_name'，指定规则绑定的对象。如果该对象名称使用了"表名.列名"的格式，则说明它为表中的某个列，否则表示某个用户自定义数据类型。

【例 7-3】 将规则 CJ_rule 绑定到表 dbo.XS_KC 的成绩列上。运行结果如图 7-3 所示。

```
USE XSCJ
GO
EXEC    sp_bindrule    'CJ_rule', 'XS_KC.成绩'
```

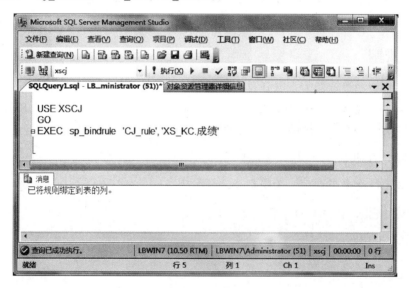

图 7-3　绑定规则

提示： 规则对已经输入表中的数据不起作用。规则所指定的数据类型必须与所绑定的对象的数据类型一致，且规则不能绑定一个数据类型为 text、image 或 timestamp 的列。

2. 用存储过程 sp_unbindrule 解除规则的绑定

存储过程 sp_unbindrule 可解除规则与列或用户自定义数据类型的绑定。其语法格式如下：

> EXEC sp_unbindrule　[@objname =] 'object_name'

其中，[@objname =] 'object_name' 子句指定被绑定规则的列或自定义数据类型的名称。

【例 7-4】 解除 XS_KC 表中"成绩"列上绑定的规则。运行结果如图 7-4 所示。

```
USE    XSCJ
GO
EXEC    sp_unbindrule    'XS_KC.成绩'
```

图 7-4　解除绑定的规则

7.1.3　删除规则

可以在对象资源管理器中，展开目标数据库中的"可编程性"节点。鼠标右键单击要删除的规则，从快捷菜单中选择"删除"命令，删除规则。也可以使用 DROP RULE 命令删除当前数据库中的一个或多个规则。其语法格式如下：

    DROP　RULE　规则对象名 [,...n]

提示：在删除一个规则前，必须先将其解除绑定。

【例 7-5】　删除规则 CJ_rule。

    USE　XSCJ
    GO
    DROP　RULE　CJ_rule

【课堂练习 1】　创建规则 KKXQ_rule，将"开课学期"列的值约束在 1 ~ 8 之间，将其绑定到表 KC 中的"开课学期"列，最后向表 KC 中添加数据，以检验规则的约束作用。

7.2　默认值

默认值也是一种数据库对象，可以绑定到一列或多列上，作用与 DEFAULT 约束相似，在插入数据行时，为没有指定数据的列提供事先定义的默认值。它的管理与应用和规则有很多相似之处。表的一列或一个用户自定义数据类型也只能与一个默认值相绑定。

7.2.1　创建默认值

在 SQL Server 2008 中，创建默认值只能用命令来完成。CREATE DEFAULT 命令用于在当前数据库中创建默认值对象，其语法格式如下：

    CREATE　DEFAULT　默认值对象名　AS　常量表达式

其中，常量表达式可以是数学表达式或函数，也可以包含表的列名或其他数据库对象。

【例7-6】 创建一个名为 sex_def 的默认值对象，要求默认值为"男"。运行结果如图7-5所示。

```
USE   XSCJ
GO
CREATE   DEFAULT   sex_def   AS   '男'
```

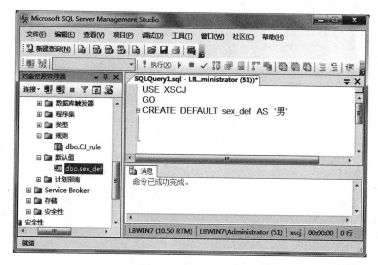

图 7-5 创建默认值

7.2.2 绑定和解绑默认值

创建默认值后，默认值只是一个存在于数据库中的对象，并未发生作用。同规则一样，需要将默认值与数据库表或用户自定义对象绑定。

1. 用存储过程 sp_bindefault 绑定默认值

存储过程 sp_bindefault 可以绑定一个默认值到表的一个列或一个用户自定义数据类型上。其语法格式如下：

[EXEC]   sp_bindefault   [@defname =] '默认值对象名',   [@objname =] 'object_name'

【例7-7】 将默认值 sex_def 绑定到表 dbo.XSQK 的性别列上。运行结果如图7-6所示。

```
USE XSCJ
GO
EXEC   sp_bindefault   'sex_def',   'XSQK.性别'
```

2. 用存储过程 sp_unbindefault 解除默认值的绑定

存储过程 sp_unbindefault 可以解除默认值与表的列或用户自定义数据类型的绑定。其语法格式如下：

[EXEC]   sp_unbindefault   [@objname =] 'object_name'

提示：如果列同时绑定了一个规则和一个默认值，那么默认值应该符合规则的规定，创建或修改表时用 DEFAULT 选项指定了的默认值的列则不能再绑定默认值。

图 7-6　绑定默认值

7.2.3　删除默认值

同规则一样，可以在对象资源管理器中，展开目标数据库中的"可编程性"节点。鼠标右键单击要删除的默认值，从快捷菜单中选择"删除"命令，删除默认值。也可以使用 DROP DEFAULT 命令删除默认值对象。其语法格式如下：

　　DROP　　DEFAULT　　默认值对象名 [,...n]

注意： 在删除一个默认值对象前必须先将其解除绑定。

【例 7-8】 删除数据库 XSCJ 中名为 sex_def 的默认值对象。运行结果如图 7-7 所示。

```
USE XSCJ
GO
EXEC    sp_unbindefault    'XSQK.性别'
DROP    DEFAULT    sex_def
```

图 7-7　解绑并删除默认值

【课堂练习 2】 在 XSCJ 数据库中创建一个默认值对象，要求其值为 "true"，并将其绑定到 XSQK 表的 "性别" 列上，如果在该列上已经设置有默认值，又该如何处理？

【课后习题】

一、填空题

1. 在 SQL Server 2008 中，规则是一个_____，由_____来进行管理。

2. 创建规则的 T-SQL 语句是_____。

3. 删除规则的 T-SQL 语句是_____。

4. 默认值对象的作用类似于创建表时的_____约束。

5. 将默认值对象绑定到列的系统存储过程是_____。

二、选择题

1. 规则对象的作用类似于创建或修改表时的下列（　　）约束。

　A. PRIMARY KEY　　　　　　B. FOREIGN KEY

　C. CHECK　　　　　　　　　D. UNIQUE

2. 将规则绑定到指定列的系统存储过程是（　　）。

　A. sp_binddefault　　　　　　B. sp_bindrule

　C. sp_unbindrule　　　　　　D. sp_bindefault

3. 将默认值对象接触绑定的系统存储过程是（　　）。

　A. sp_unbinddefault　　　　　B. sp_bindefault

　C. sp_unbindrule　　　　　　D. sp_unbindeafult

三、判断题

1. 规则对象可以实现对数据的所有约束控制。

2. 同其他数据库对象一样，也可以通过 T-SQL 语句来修改规则。

3. 删除规则对象时，必须先解除其绑定。

4. 默认值对象的作用类似于创建表时的 DEFAULT 关键字。

5. 创建表时用 DEFAULT 关键字指定了默认值的列能再绑定默认值对象。

6. 多个规则可约束到单个表格。

7. 规则创建以后，必须绑定在列上，才能限制该列输入值的取值范围或格式。

8. 一个规则可以绑定在多个列上。

9. 一个列上可以使用多个规则。

【课外实践】

任务 1：创建规则。

要求：在 XSCJ 数据库中，创建一个规则，限制"学分"列的值在 1～6 之间，将该规则绑定到 KC 表的"学分"列上，向 KC 表中添加数据以检查规则的作用。

任务 2：创建默认值对象。

要求：在 XSCJ 数据库中，创建一个默认值对象，其值为 1，将其绑定到 KC 表的"开课学期"列上。

第8章 T-SQL 编程

- 了解 T-SQL 的特点，标识符命名规则，注释的含义
- 掌握常量的用途和格式，变量的声明、赋值和显示
- 掌握常用函数的使用
- 掌握运算符的使用
- 了解批处理的含义
- 能运用各种流程控制语句正确编写 SQL 程序

8.1 T-SQL 基础

8.1.1 T-SQL 的特点

SQL 是结构化数据库查询语言 Structured Query Language 的英文缩写，是一种使用关系模型的数据库应用语言。SQL 最早是在 20 世纪 70 年代由 IBM 公司开发出来的，作为 IBM 关系数据库原型 System R 的原形关系语言，主要用于关系数据库中的信息检索。Transact-SQL（缩写 T-SQL）是微软对 SQL 的扩展。不同的数据库供应商一方面采纳了 SQL 作为自己数据库的操作语言，另一方面又对 SQL 进行了不同程度的扩展。

这种扩展主要是基于两个原因：一是数据库供应商开发的系统早于 SQL 标准的制定时间；二是不同的数据库供应商为了达到特殊性能和实现新的功能，对标准的 SQL 进行了扩展。

T-SQL 是一种交互式查询语言，具有功能强大、简单易学的特点。该语言既允许用户直接查询存储在数据库中的数据，也可以把语句嵌入到某种高级程序设计语言（例如 C、COBOL）中。

同任何程序设计语言一样，T-SQL 有自己的关键字、数据类型、表达式和语句结构。当然 T-SQL 与其他语言相比，要简单得多。

T-SQL 有以下几个特点：

（1）一体化的特点，集数据定义语言、数据操纵语言、数据控制语言和附加语言元素为一体。

（2）两种使用方式，一种是交互式使用方式，适合于非数据库专业人员使用；另一种是嵌入到高级语言的使用方式，适合数据库专业开发人员使用。

（3）非过程化语言，只需要提出"干什么"，不需要指出"如何干"，语句的操作过程由系统自动完成。

（4）类似于人的思维习惯，容易理解和掌握。

8.1.2 标识符

本节中所说的标识符是指一个由用户定义的，SQL Server 可识别的有意义的字符序列，

通常用它们来表示服务器名、数据库名、数据库对象名、常量和变量等。在 SQL Server 中，标识符的命名须遵守以下规则：

（1）标识符的长度可以为 1～128 个字符。

（2）标识符的第一个字符必须为英文字母、下画线、汉字、@或者#。其中以@和#为首的标识符具有特殊意义，注释如下：

　　① 以"@"开头的变量表示局部变量；以"@@"开头的变量表示全局变量。

　　② 以"#"开头的表示局部临时对象；以"##"开头的表示全局临时对象。

（3）默认情况下，标识符内不允许含有空格，也不允许将 SQL 关键字作为用户定义的标识符，但可以使用引号来定义特殊标识符，并在定义之前，将 QUOTED-IDENTIFER 设置为 ON。

例如，这里列举出一些合法的标识符为 ABC、_ABC、@table_name、#proc、##table_name、"table"；一些非法的标识符为 A　BC、Select、52FK、FROM。

【课堂练习 1】 判断以下标识符的合法性，并说明理由。
_AbC、X　yz、@a1、where、#proc、##xs、7table、as

8.1.3　对象命名规则

一个对象的完整名称包括四个标识符：服务器名称、数据库名称、所有者名称和对象名称。其语法格式如下：

[[[server.][database].][owner_name].]object_name

服务器、数据库和所有者名称叫做对象名称限定符。当引用一个对象时，可以省略服务器、数据库和所有者。对象名的有效格式是：

　　① server.database.owner_name.object_name
　　② server.database..object_name
　　③ server..owner_name.object_name
　　④ server...object_name
　　⑤ database.owner_name.object_name
　　⑥ database..object_name
　　⑦ owner_name.object_name
　　⑧ object_name

假设 XSCJ 数据库中的一个表和一个视图具有相同的名为"学号"的列。若要在 XSQK 表中引用"学号"列，需指定"XSCJ..XSQK.学号"；若要在 VIEW1 视图中引用"学号"列，需指定"XSCJ..VIEW1.学号"。

大多数对象引用使用三部分名称并默认使用本地服务器。四部分名称通常用于分布式查询或远程存储过程调用。

8.1.4　T-SQL 语法格式约定

T-SQL 中的语法关系图使用规范见表 8-1。

表 8-1　T-SQL 语法关系图使用规范

规　　范	用　　处
大写	T-SQL 关键字
--	单行注释
/*…*/	多行注释
|（竖线）	分隔语法项目，只能选择一个项目
[]（方括号）	可选语法项目，不必键入方括号
{ }（大括号）	必选语法项，不必键入大括号
<标签>::=	语法块的名称。此规则用于对可在语句中的多个位置使用的过长语法或语法单元部分进行分组和标记。适合使用语法块的每个位置由括在尖括号内的标签表示：<标签>
[,…n]	表示前面的项可重复 n 次，每一项由逗号分隔
[…n]	表示前面的项可重复 n 次，每一项由空格分隔

8.2　T-SQL 表达式

8.2.1　常量、变量

1．常量

常量是表示固定数据值的符号，是在运行过程中保持不变的量。常量的格式取决于它所表示的值的数据类型，如：精确数常量 3.22，浮点数常量 101.5E5，字符常量'处理中，请稍后……'，日期时间常量'2013-6-18'等。

【例 8-1】　在 T-SQL 中，可用多种方式使用常量。

① 作为算术表达式中的数据值：

　　SELECT　成绩＋5　FROM　XS_KC

② 在 WHERE 子句中，作为与列进行比较的数据值：

　　SELECT　*　FROM　XS_KC　WHERE　学号＝'2012130101'

③ 作为赋给变量的数据值：

　　SET　@学分＝4

④ 作为当前行的某列中的数据值。可使用 UPDATE 语句的 SET 子句或 INSERT 语句的 VALUES 子句来指定：

　　　　UPDATE　XS_KC
　　　　SET　成绩＝90
　　　　WHERE　学号＝'020101'　AND　课程号＝'102'
　　　　或
　　　　INSERT　XS_KC　　VALUES　('020101','103',78)

⑤ 作为指定 PRINT 或 RAISERROR 语句发出的消息文本的字符串：

　　PRINT　'This is a message.'

⑥ 作为条件语句（例如：IF 语句或 CASE 语句）中进行测试的值：

    IF　（@@SALESTOTAL > $100000.00）
        EXECUTE　Proc_SALES

2．变量

变量与常量相反，是表示非固定值的符号，在运行过程中可以改变其值的量。在 T-SQL 中，共有两种类型的变量：局部变量和全局变量。局部变量是用户自己定义的变量，以@符号开头，一般出现在批处理、存储过程或触发器中，一旦创建它的批处理、存储过程或触发器执行结束，存储在局部变量中的信息就将丢失。全局变量是系统定义的变量，以@@符号开头，用户不能定义全局变量，也不能修改其值，全局变量在相应的上下文中是随时可用的，通常被服务器用来跟踪服务器范围和特定会话期间的信息。表 8-2 列出了 SQL Server 中较常用的全局变量。

表 8-2　SQL Server 中较常用的全局变量

变　量	说　明
@@rowcount	前一条命令处理的行数
@@error	前一条 SQL 语句报告的错误号
@@trancount	事务嵌套的级别
@@transtate	事务的当前状态
@@tranchained	当前事务的模式
@@servername	本地 SQL Server 的名称
@@version	SQL Server 和 O/S 版本级别
@@spid	当前进程 ID
@@identity	上次 INSERT 操作中使用的 IDENTITY 值
@@nestlevel	存储过程/触发器中的嵌套层
@@fetch_status	游标中上条 FETCH 语句的状态

在使用一个局部变量之前，必须先用 DECLARE 语句进行声明，然后再使用 SET 或 SELECT 语句为它赋值，如果要输出或显示其值，则需使用 SET 或 PRINT 语句。

（1）局部变量的声明。其语法格式如下：

    DECLARE　@变量名称　数据类型　[,...n]

（2）局部变量的赋值。其语法格式如下：

    SET　@变量名=表达式
    或
    SELECT　@变量名=表达式　[,...n]
    [FROM...]
    [WHERE...]

（3）局部变量的显示。其语法格式如下：

    PRINT　表达式
    或
    SELECT　表达式　[,...n]

用 PRINT 语句进行输出显示,其表达式的类型必须为字符型,或可以隐式地转换成字符型。

（4）综合应用举例。

【例 8-2】 声明三个变量,用两种不同的方法分别为变量赋值,并输出显示。执行结果如图 8-1 所示。

```
DECLARE   @x1   char(10), @x2   varchar(20), @x3   char(8)
SELECT   @x1='关系数据库 ', @x2='SQL Server '
SET   @x3='2008'
PRINT   @x1+@x2+@x3
```

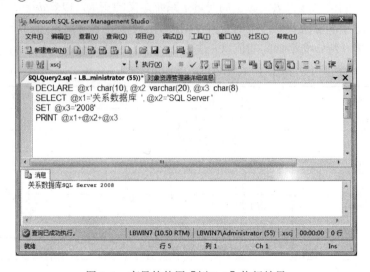

图 8-1　变量的使用【例 8-2】执行结果

提示：用 DECLARE 语句声明的局部变量初始值为 NULL。

【例 8-3】 定义一个整数变量,并将其作为循环计数器使用。

```
DECLARE   @counter   int
SELECT   @counter = 0
WHILE   @counter < 10
BEGIN
    SELECT   @counter = @counter+1
    PRINT   @counter                        /*本行将计数器的值输出到屏幕上*/
END
```

【例 8-4】 声明一个变量,将"XSCJ"数据库的"XSQK"表中的 2012130101 号学生的姓名赋值给变量,并输出显示。执行结果如图 8-2 所示。

```
USE   XSCJ
GO
DECLARE   @name   varchar(10)
SELECT   @name=姓名 FROM   XSQK   WHERE   学号='2012130101'
SELECT   @name   AS   姓名
```

提示：SELECT 语句既能为变量赋值,又可以检索数据,但是这两种功能不能同时在一条 SELECT 语句实现。

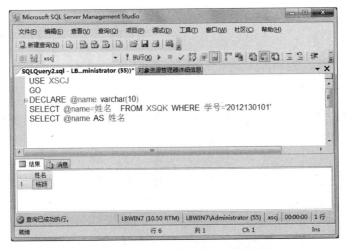

图 8-2　变量的使用【例 8-4】执行结果

【课堂练习 2】　分析下面这段代码为什么是无效的？如何解决？

```
/*下列代码无效*/
DECLARE   @name   varchar(10)
SELECT    @name=姓名，专业名
FROM   XSQK
WHERE   学号='2012130101'
```

8.2.2　函数

如同其他编程语言一样，T-SQL 也提供了丰富的数据操作函数，用以完成各种数据管理工作。SQL Server 数据库管理人员必须掌握 SQL Server 的函数功能，并将 T-SQL 的程序或脚本与函数相结合，这将大大提高数据管理工作的效率。这里只介绍最常用的几类函数，帮助用户尽快熟悉对函数的使用。

1. 常用函数

（1）转换函数。如果 SQL Server 没有自动执行数据类型的转换，可以使用 CAST()或 CONVERT()转换函数将一种数据类型的表达式转换为另一种数据类型的表达式。

【例 8-5】　在 Accounts 表中检索 tot_assets 列，并将 money 数据类型的检索结果利用 CAST 或 CONVERT 函数转换为 varchar 数据类型，以便在字符串连接中使用。

```
SELECT   (acct_firstname+acct_lastname)+'----'+CAST(tot_assets AS varchar(15))
FROM   Accounts
```

或者

```
SELECT   (acct_firstname+acct_lastname)+'----' +CONVERT(varchar(15),tot_assets)
FROM   Accounts
```

执行结果如下：

```
Client1----4356.56
Client2----202457.35
Client3----0.00
Client5----3473.64
Client6----52693.81
Client7----217219.64
Client8----198314.47
```

（2）聚合函数。聚合函数可以对一系列数值进行计算，并返回一个数值型的计算结果。使用 GROUP BY 子句的查询中常常会发现这些函数的踪迹。下面介绍几个常用的聚合函数。

① AVG()：用于计算指定数据项的平均值。如果希望在计算时排除掉重复项，可以在参数前使用 DISTINCT 关键字。

② SUM()：用于计算指定数据项的总和。

③ MAX()：用于计算多个数据项的最大值。

④ MIN()：用于计算多个数据项的最小值。

⑤ COUNT()：用于返回参数中非 NULL 值的数目。

【例 8-6】 统计 XSQK 表中学生记录的行数。执行结果如图 8-3 所示。

```
USE   XSCJ
GO
DECLARE   @counter   INT
SELECT   @counter = COUNT ( * )   FROM   XSQK
PRINT   '总行数为' + STR ( @counter )
```

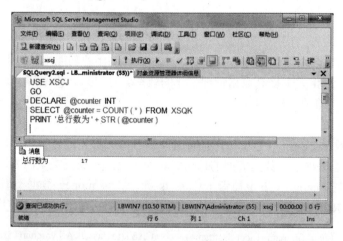

图 8-3 函数的使用【例 8-6】执行结果

上例除了可以使用通配符星号（*）作为 COUNT 函数的参数，还可以使用学号列作为 COUNT 函数的参数，因为学号列是 XSQK 表的主关键字。

（3）字符串函数。在编写 T-SQL 语句时，经常会使用字符串函数，如将其他数据类型转换为字符串；从字符串中选取子串；获取字符串的长度等。两个字符串表达式之间的符号"+"表明将这些表达式连接形成一个字符串。下面介绍几个常用的字符串函数。

① STR()：用于将数字数据转换为字符串。

【例8-7】 将浮点数 123.21 转换为 5 个字符的字符串。执行结果如图 8-4 所示。

```
DECLARE  @x  float
SET    @x = 123.21
PRINT   '将浮点数 123.21 转换成 5 个字符的字符串为' + STR ( @x , 5 , 1 )
```

从结果中可以看出，STR 函数的第二个参数为转换后字符串的总长度（小数点要占据的位数），第三个参数为小数点后的位数。

图 8-4　函数的使用【例 8-7】执行结果

② LEN()：用于获取某个指定字符串的长度。

【例8-8】 查找 KC 表中课程号为"103"的课程名称，并计算该课程名称的字符数目。执行结果如图 8-5 所示。

```
USE   XSCJ
GO
DECLARE   @counter   int
SELECT   @counter = LEN (课程名)   FROM   KC
WHERE   课程号 = '103'
PRINT   ' 103 号课程名称的字符数为' + STR ( @counter )
```

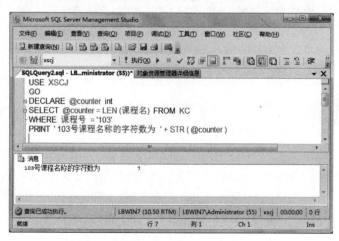

图 8-5　函数的使用【例 8-8】执行结果

③ UPPER()/LOWER()：用于进行字符大/小写的转换工作。当需要数据以小写字母或大写字母表示时，就要利用 LOWER() 或 UPPER() 去转换表达式。

【例 8-9】 将字符串"Hello World"中的字符全部转换为大写字母。执行结果如图 8-6 所示。

```
DECLARE   @s1   varchar ( 20 )
SET    @s1 = 'Hello World '
PRINT   '将"Hello World"中的字符全部转换为大写字母：' + UPPER ( @s1 )
```

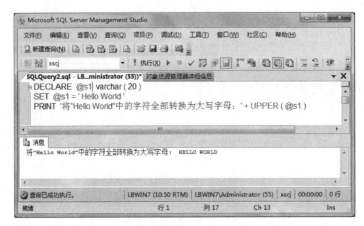

图 8-6 函数的使用【例 8-9】执行结果

④ LEFT()/RIGHT()：用于从一个完整字符串的左边/右边截取所需的子串。

【例 8-10】 从字符串"SQL Server 2008"的左边开始截取 5 个字符构成的子串。执行结果如图 8-7 所示。

```
DECLARE   @s2   varchar ( 20 )
SET    @s2 = 'SQL Server 2008 '
PRINT   '从"SQL Server 2008"中截取 5 个字符构成的子串为' + LEFT ( @s2 , 5 )
```

图 8-7 函数的使用【例 8-10】执行结果

⑤ LTRIM()/RTRIM()：用于将字符串开始或结尾的空格去除。

【例 8-11】 修改【例 8-6】中的显示结果。执行结果如图 8-8 所示。

```
USE   XSCJ
GO
DECLARE   @counter   INT
SELECT   @counter = COUNT ( * )   FROM   XSQK
PRINT   '总行数为' + LTRIM (STR ( @counter ) )
```

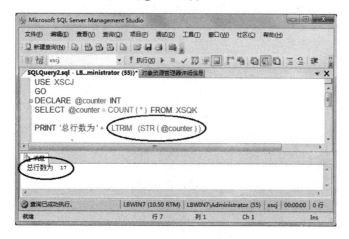

图 8-8 函数的使用【例 8-11】执行结果

（4）数学函数。SQL Server 中提供了众多的数学函数，可以满足数据库维护人员日常的数值计算要求。表 8-3 列出了常用的数学函数。

表 8-3 SQL Server 中的数学函数

函 数 名 称	函数功能简述	函 数 名 称	函数功能简述
ABS	求绝对值	LOG10	增强的自然对数
ACOS	反余弦函数	PI	常量，圆周率
ASIN	反正弦函数	POWER	求 X 的 Y 次方
ATAN	反正切函数	RADIANS	角度转弧度
ATN2	增强的反正切函数	RAND	求随机数
CEILING	求仅次于最大值的值	ROUND	指定小数的位数
COS	余弦函数	SIGN	根据表达式的数学符号，返回 1（正数）、-1（负数）和 0（零）
COT	余切函数	SIN	正弦函数
DEGREE	角度转弧度	SQRT	求平方根
EXP	计算 e 的 x 次幂	SQUARE	开方
FLOOR	求仅次于最小值的值	TAN	正切函数
LOG	求自然对数		

（5）日期和时间函数。在商业应用中，日期和时间的重要性是不言而喻的。使用日期和时间函数可以对 datetime 和 smalldatetime 类型的数据进行各种运算和处理。

① GETDATE()：用于返回当前系统的日期时间。

② DATEADD()：用于向指定日期加上一段时间。

【例 8-12】 分别计算在日期 "1990-8-18" 上加上 22 年、22 月、22 天后得到的新日期。
执行结果如图 8-9 所示。

```
SELECT   DATEADD ( yy , 22, '1990-8-18')   AS   加年后的新日期,
         DATEADD ( mm, 22, '1990-8-18')   AS   加月后的新日期,
         DATEADD ( dd , 22, '1990-8-18')   AS   加日后的新日期
```

图 8-9   函数的使用【例 8-12】执行结果

从这个例子中可以看出，DATEADD 函数中的第一个参数指定用日期的哪一部分来计算，
如 yy 代表年；第二个参数指定具体增加的值；第三个参数指定待计算的日期。

③ DATEDIFF()：用于计算指定日期之间的间隔。

【例 8-13】 分别计算日期 "2010-12-1" 和 "2012-8-18" 相隔的天数、月数和年数。执
行结果如图 8-10 所示。

```
SELECT   DATEDIFF ( dd , '2010-12-1', '2012-8-18')   AS   间隔天数,
         DATEDIFF ( mm,'2010-12-1', '2012-8-18')   AS   间隔月数,
         DATEDIFF ( yy , '2010-12-1', '2012-8-18')   AS   间隔年数
```

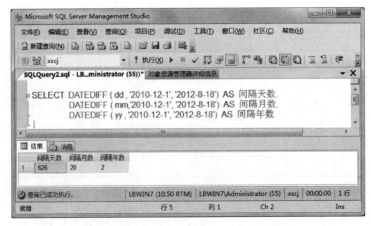

图 8-10   函数的使用【例 8-13】执行结果

从这个例子中可以看出，DATEDIFF 函数中的第一个参数指定用日期的哪一部分来计算，

如 dd 代表日；第二个参数指定计算的开始日期；第三个参数指定计算的结束日期。

④ DATEPART()：用于返回指定日期指定部分的数值。

【例 8-14】 分别返回日期"2012-8-1"的年、月、日。执行结果如图 8-11 所示。

```
SELECT    DATEPART ( yy ,   '2012-8-1')    AS    年,
          DATEPART ( mm, '2012-8-1')    AS    月,
          DATEPART (dd ,   '2012-8-1')    AS    日
```

图 8-11　函数的使用【例 8-14】执行结果

从这个例子可以看出，DATEPART 函数中的第一个参数要返回日期的哪一部分，如 mm 代表月；第二个参数指定待计算的日期。

2．综合应用举例

【例 8-15】 计算 XSQK 表中陈伟的年龄，并显示"年龄为 XX 岁"。执行结果如图 8-12 所示。

```
DECLARE    @nl    varchar(4)
SELECT    @nl=CONVERT(varchar(4), DATEDIFF(yy，出生日期, GETDATE( )))
FROM    XSQK
WHERE    姓名='陈伟'
PRINT    '年龄为'+@nl+'岁'
```

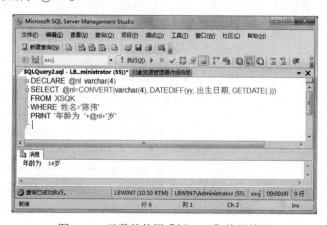

图 8-12　函数的使用【例 8-15】执行结果

【课堂练习3】 从字符串"Beautiful Like Summer Flowers"的右边开始截取 15 个字符构成的子串。

【课堂练习4】 显示系统当前的日期时间。

8.2.3 运算符

运算符是一种符号,用来进行常量、变量或者列之间的数学运算和比较操作,它是 T-SQL 很重要的组成部分。运算符共有七类:算术运算符、赋值运算符、按位运算符、比较运算符、逻辑运算符、字符串串联运算符和一元运算符。下面介绍这几种类型的运算符,以及运算符的优先级。

1. 算术运算符

算术运算符用于对两个表达式执行数学运算。表 8-4 列出了算术运算符的种类。

表 8-4 算术运算符的种类

算术运算符	含　义	算术运算符	含　义
+	加	/	除
—	减	%	取模,返回一个除法运算的余数
*	乘		

2. 赋值运算符

等号(=)是唯一的 T-SQL 赋值运算符。它用来给表达式赋值,也可在 SELECT 子句中将表达式的值赋给某列的标题。

3. 按位运算符

位运算符用于在两个表达式之间执行位操作。表 8-5 列出了按位运算符的种类。

表 8-5 按位运算符的种类

按位运算符	含　义	按位运算符	含　义
&	按位与(两个操作数)	^	按位异或(两个操作数)
|	按位或(两个操作数)		

4. 比较运算符

比较运算符用于测试两个表达式是否相同。比较运算返回一个布尔数据类型的值,TRUE、FALSE 或 UNKNOWN。表 8-6 列出了比较运算符的种类。

表 8-6 比较运算符的种类

比较运算符	含　义	比较运算符	含　义
=	等于	<>	不等于
>	大于	!=	不等于
<	小于	!<	不小于
>=	大于等于	!>	不大于
<=	小于等于		

5. 逻辑运算符

逻辑运算符用来对某些条件进行测试,以获得其真实情况。与比较运算符一样,返回值是 TRUR 或 FALSE 值的布尔数据类型。表 8-7 列出了逻辑运算符的种类。

表 8-7 逻辑运算符的种类

逻辑运算符	含　义
ALL	只有所有比较都为 TRUE 时，才返回 TRUE
AND	只有两个布尔表达式的值都为 TRUE 时，才返回 TRUE
ANY	只要一组比较中有一个为 TRUE，就返回 TRUE
BETWEEN	如果操作数在某个范围之内，那么就返回 TRUE
EXISTS	如果子查询包含一些行，那么就返回 TRUE
IN	如果操作数等于表达式中的一个，那么就返回 TRUE
LIKE	如果操作数与一种模式相匹配，那么就返回 TRUE
NOT	对任何其他布尔运算符的值取反
OR	如果两个布尔表达式中的一个为 TRUE，那么就返回 TRUE
SOME	如果在一组比较中，有些为 TRUE，那么就返回 TRUE

6. 字符串串联运算符

加号（+）是字符串串联运算符，可以用它将字符串串联起来。

7. 一元运算符

一元运算符只对一个表达式执行操作。表 8-8 列出了一元运算符的种类。

表 8-8　一元运算符的种类

一元运算符	含　义	一元运算符	含　义
+	数值为正	~	按位非
−	数值为负		

8. 运算符的优先级

当一个复杂表达式中包含有多个运算符时，运算符的优先级决定了运算的先后顺序，用户在编程时一定要注意这一点，否则可能得不到预期的运算结果。运算符的优先级按由高到低的顺序排列如下：

① +（正）、−（负）和 ~（位非）。

② *（乘）、/（除）和 %（取模）。

③ +（加）、+（连接）和 −（减）。

④ =、>、<、>=、<=、<>、!=、!> 和 !<（比较运算符）。

⑤ &（位与）、|（位或）和 ^（位异或）。

⑥ NOT。

⑦ AND。

⑧ ALL、ANY、BETWEEN、IN、LIKE、OR 和 SOME（逻辑运算符）。

⑨ =（赋值）。

8.3　T-SQL 语句

8.3.1　批处理

先来看一段 T-SQL 语句：

```
USE   XSCJ
DROP   TABLE   XS_KC2
GO
```

这个语句段可以看成一个批处理，GO 为批处理结束标志。

批处理是包含一条或多条 T-SQL 语句的集合，以 GO 语句为结束标志，一次性地发送到 SQL Server 执行，SQL Server 将批处理的语句编译为一个可执行单元，称为执行计划。

如果一个批处理中的某条语句包含了语法错误，则整个批都不能被编译和执行。如果一个批处理中的某条语句出现执行错误，则这时可能有两个结果：第一种情况，如违反约束，仅终止当前语句，其前后语句正常执行；第二种情况，如引用不存在的对象，终止当前语句和其后语句，其前语句正常执行。

使用批处理时，应注意以下几点：

① CREATE VIEW、CREATE DEFAULT、CREATE RULE、CREATE FUNCTION、CREATE PROCEDURE 和 CREATE TRIGGER 语句不能在批处理中与其他语句组合使用。

② 不能在同一个批处理中用 ALTER TABLE 更改表，然后引用新列。

③ 如果 EXECUTE 语句不是批处理中的第一条语句，则需要 EXECUTE 关键字。

8.3.2   流程控制语句

与所有的计算机编程语言一样，T-SQL 也提供了用于编写过程性代码的语法结构，可用来进行顺序、分支和循环等程序设计，控制程序的执行流程。使用流程控制语句可以提高编程语言的处理能力。下面分别介绍 T-SQL 提供的流程控制语句。

1．BEGIN...END 语句

从语法格式上讲，IF、WHILE 等语句体内通常只允许包含一条语句，但在实际程序设计时，一条语句往往不能满足复杂的程序设计要求，这时，就需要使用 BEGIN...END 语句将多条 T-SQL 语句封闭起来，构成一个语句块。这样在处理时，整个语句块被视为一条语句。

BEGIN...END 语句的语法格式如下：

```
BEGIN
     T-SQL 语句
END
```

2．IF...ELSE 语句

通常，计算机按顺序执行程序中的语句。然而，在有的情况下，语句执行的顺序以及是否执行都依赖于程序运行的中间结果，必须根据某个变量或表达式的值来作出判定，以决定执行哪些语句或跳过哪些语句。这时，就需要使用 IF...ELSE 结构，按条件来选择执行某条语句或某个语句块。

IF...ELSE 语句的语法格式如下：

```
IF   布尔表达式
     { T-SQL 语句 | T-SQL 语句块 }
ELSE
     { T-SQL 语句 | T-SQL 语句块 }
```

【例 8-16】 检查 XSQK 表中是否存在"李渊"这个人,若有则显示其信息,若无则显示"没有 XX 这个人!"。执行结果如图 8-13 所示。

```
USE   XSCJ
GO
DECLARE   @xm   varchar(10)
SET   @xm='李渊'
IF   EXISTS (SELECT   *   FROM   XSQK   WHERE   姓名=@xm)
    SELECT   *   FROM   XSQK   WHERE      姓名=@xm
ELSE
    PRINT   '没有'+@xm+'这个人!'
```

图 8-13　IF…ELSE 语句的使用示例

【课堂练习 5】　查询 2012130101 号学生的平均分是否超过了 85 分,若超过,则输出"XX 考出了高分";否则输出"考得一般"。

3. WHILE 语句

WHILE 语句用于循环,只要指定的条件为 TRUE 时,就会重复执行一条语句或一个语句块。通常将 BREAK 或 CONTINUE 子句和 WHILE 配合使用。BREAK 子句将导致无条件退出最内层的 WHILE 循环,并且执行循环体外紧接着的第一条语句;CONTINUE 子句则结束本次循环,并重新判断布尔表达式,如果条件为 TRUE,那么重新开始 WHILE 循环。

WHILE 语句的语法格式如下:

```
WHILE   布尔表达式
    { T-SQL 语句 | T-SQL 语句块 }
    [BREAK]
    [CONTINUE]
```

【例 8-17】　计算 1+2+3+…+100 的累加和。执行结果如图 8-14 所示。

```
DECLARE   @i   int, @sum   int
SET    @i = 1
SET    @sum = 0
WHILE    ( @i <= 100 )
     BEGIN
          SET    @sum = @sum + @i
          SET    @i = @i +1
     END
PRINT   ' 1+2+3+...+100= '+ CAST ( @sum AS varchar ( 10 ) )
```

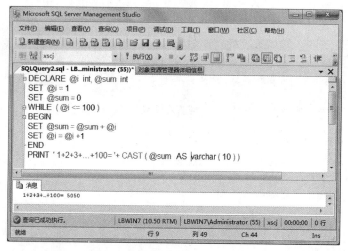

图 8-14   WHILE 语句的使用示例

【课堂练习 6】 计算 1 到 100 中奇数的累加和，要求显示为"奇数和为 XX"。
【课堂练习 7】 输出 500 以内能被 3 或 7 整除的正整数。

4. RETURN 语句

RETURN 语句用于从查询或过程中无条件退出。RETURN 的执行是即时且完全的，可在任何时候用于从过程、批处理或语句块中退出，在它之后的语句不会被执行。RETURN 与 BREAK 很相似，不同的是 RETURN 可以返回一个整数。

RETURN 语句的语法格式如下：

```
RETURN   [ 整型表达式 ]
```

【例 8-18】 查找失败时输出错误信息并退出。执行结果如图 8-15 所示。

```
USE   XSCJ
GO
IF   NOT EXISTS ( SELECT   *   FROM   XSQK   WHERE   姓名 =' 李敏 ')
  BEGIN
       RAISERROR   51345   ' not found'
       RETURN
  END
PRINT   ' no error found '
SELECT   *   FROM   XSQK
```

图 8-15   RETURN 语句的使用示例

5. GOTO 和 RETURN 语句

GOTO 语句使得程序的执行可以从一个地转移到另一个地方，增加了程序设计的灵活性，但是，同时破坏了程序结构化的特点，使程序结构变得复杂而且难以测试。

GOTO 语句的语法如下：

```
GOTO   标签
……
标签:
```

【例 8-19】 用 IF 和 GOTO 语句实现循环，求 1+2+3+…+100 的累加和。

```
DECLARE   @i   int, @sum   int
SET   @i = 1
SET   @sum = 0
CountLoop:
    SET   @sum = @sum + @i
    SET   @i = @i +1
    IF   @i <= 100
GOTO   CountLoop
PRINT   ' 1+2+3+…+100= '+ CAST ( @sum AS varchar ( 10 ) )
```

6. WAITFOR 语句

WAITFOR 语句用于暂时停止程序的执行，直到所设定的时间间隔后才继续往下执行。

WAITFOR 语句的语法格式如下：

```
WAITFOR   { DELAY '时间' | TIME '时间' }
```

其中，DELAY 指定要等待的时间间隔，最长 24h；TIME 则指定要等待到的具体时间点。时间应该采用 datetime 类型，但不能包括日期。

【例 8-20】 直到 10 时 45 分才从 KC 表中检索所有课程信息。

```
WAITFOR   TIME   '10:45'
SELECT   *   FROM   KC
```

【课堂练习8】 延时6s后查询XSQK表的信息；到下午4时15分30秒查询XS_KC表。

【课后习题】

一、填空题

1. 一般可以使用_____命令来标识 T-SQL 批处理的结束。

2. 局部变量的开始标记为_____，全局变量的开始标记为_____。

3. 函数 LEFT('abcdef', 2) 的结果是_____。

4. 在 SQL Server 中，每个程序块的开始标记为关键字_____，结束标记为关键字_____。

5. 在循环结构的语句中，当执行到关键字_____后将终止整个循环语句的执行，当执行到关键字_____后将结束一次循环体的执行。

6. Waitfor 语句用于指定其后的语句在_____或在_____后继续执行。

7. 每条 SELECT 语句能够同时为_____个变量赋值，每条 SET 语句只能为_____个变量赋值。

8. 要返回系统当前的日期时间，应使用的函数是_____。

二、选择题

1. SQL Server 数据库系统使用的数据库语言是（   ）。

   A．C/C++   B．SQL   C．Transact-SQL   D．JAVA

2. 关于 T-SQL 语言中标识符的描述，正确的是（   ）。

   A．首字母必须是下画线   B．不能使用 SQL 关键字

   C．可以包含@、#、&、^等字符   D．以#为首的标识符表示一个局部变量

3. 语句 "USE MASTER GO SELECT * FROM SYSFILES GO" 包括的批处理个数是（   ）。

   A．1   B．2   C．3   D．4

4. 下面不是 T-SQL 函数的是（   ）。

   A．DAY()   B．YEAR()   C．MONTH()   D．SECOND()

5. 在 T-SQL 中支持的程序结构语句是（   ）。

   A．Begin…End   B．If…Then…ELSE

   C．Do Case   D．Do While

6. 下列标识符可以作为局部变量使用的是（   ）。

   A．[@Myvar]   B．My var   C．@Myvar   D．@My var

7. 下列语句中有语法错误的是（   ）。

   A．DECLARE @Myvar int   B．SELECT * FROM AAA

   C．CREATE DATABASE AAA   D．DELETE * FROM AAA

三、判断题

1. T-SQL 的标识符不能以#号开始。

2. T-SQL 的标识符能够以@符号开始。

3．局部变量名必须以@@开头。

4．局部变量是系统自定义的变量，不能用 SET 语句给它赋值。

5．在 SQL Server 中允许自定义全局变量。

6．如果批中的语句有执行错误，批中任何一个语句都不会被执行。

7．用 DECLARE 语句可以声明全局变量。

8．SELECT 语句可以实现数据的查询、赋值和显示。

四、简述题

1．SQL 标识符的命名必须遵循哪些规则？

2．简述局部变量的声明和赋值方法。

3．全局变量有哪些特点？

4．RETURN 语句有何功能？

【课外实践】

任务 1：UPPER/LOWER 函数的使用。

要求：将 "Welcome to SQL Server" 字符串中的字符分别按大写和小写字母显示输出。

任务 2：WAITFOR 语句的使用。

要求：延时 30s 后查询 KC 表的信息；到 11 时 30 分 30 秒再查询 XSQK 表的信息。

任务 3：编写分支程序。

要求：计算 XSQK 表中年龄大于 20 的学生人数，如果人数不为 0，则输出相应人数；如果人数为 0，则输出"没有年龄大于 20 的学生"。

任务 4：编写循环程序。

要求：对 XS_KC 表中的学分总和进行检查，若学分总和小于 100，对每门课程学分加 1，直到学分总和大于 100 为止。

第9章 存储过程与触发器

📖【学习目标】
- 了解存储过程的含义和优点
- 掌握存储过程的创建、执行、修改和删除
- 了解触发器的含义、作用和分类
- 理解触发器的激活时机和激活事件
- 能灵活使用 Inserted 和 Deleted 临时表
- 掌握触发器的创建、激活、修改和删除

9.1 存储过程

9.1.1 存储过程概述

存储过程是一组 T-SQL 语句的预编译集合，它以一个名称存储并作为一个单元处理，能实现特定的功能。存储过程可以接收参数、输出参数，返回单个或多个结果集，由应用程序通过调用执行。

存储过程是一种独立的数据库对象，它在服务器上创建和运行，与存储在客户机的本地 T-SQL 语句相比，具有以下优点。

1．模块化程序设计

一个存储过程就是一个模块，可以用它来封装并实现特定的功能。存储过程一旦创建，以后即可在程序中被调用任意多次。这可以改进应用程序的可维护性，并允许应用程序统一访问数据库。

2．提高执行效率，改善系统性能

系统在创建存储过程时会对其进行分析和优化，并在首次执行该存储过程后将其驻留于高速缓冲存储器中，以加速该存储过程的后续执行。

3．减少网络流量

一个原本需要从客户端发送数百行 T-SQL 语句的操作，创建存储过程后，只需一条执行存储过程的语句即可实现相同的功能，而不必在网络中发送数百行代码。

4．提供了一种安全机制

用户可以被授予权限来执行存储过程而不必直接对存储过程中引用的对象具有权限。因此通过创建存储过程来完成插入、修改、删除和查询等操作，可以实现对表和视图等对象的访问控制。

SQL Server 系统中已经提供了许多存储过程，它们用于系统管理、用户登录管理、数据库对象管理、权限设置和数据复制等各种操作，称其为系统存储过程；对用户自己创建的存储过程，则称为用户存储过程。本章主要介绍用户存储过程的创建、执行和删除等操作。

9.1.2 创建和执行存储过程

1. 创建存储过程

在 SQL Server 中使用 CREATE　PROCEDURE 语句来创建存储过程。其语法格式如下：

```
CREATE　PROC[EDURE ]　存储过程名[;分组号 ]
    [ { @参数　数据类型 } [ =默认值 ] [ OUTPUT ] ] [ ,...n ]
    [ WITH { RECOMPILE | ENCRYPTION | RECOMPILE, ENCRYPTION } ]
    [ FOR REPLICATION ]
AS
    T-SQL 语句 [ ,...n ]
```

其中，各参数的说明如下：

（1）分组号：是可选的整数，用来区分一组同名存储过程中的不同对象，以便将来用一条 DROP PROCEDURE 语句即可将同组的过程一起删除。例如，创建了名为"MyProc;1"和"MyProc;2"的存储过程，可以使用 DROP PROCEDURE MyProc 语句将它们一起删除。

（2）@参数：是存储过程中的参数。参数包括输入参数和输出参数，其中输入参数用于提供执行存储过程所必需的参量值，输出参数用于返回执行存储过程后的一些结果值。用户必须在执行存储过程时提供每个所声明参数的值，除非定义了该参数的默认值。参数其实是局部变量，只在声明它的存储过程内有效，因此在其他存储过程中可以使用同名参数。

（3）默认值：是输入参数的默认值。如果定义了默认值，不必指定该参数的值即可执行过程。默认值必须是常量或 NULL，但是如果存储过程将对输入参数使用 LIKE 关键字，那么默认值中可以包含通配符（%、_、[ ] 和 [^]）。

（4）OUTPUT：表明参数是输出参数。使用输出参数可将执行结果返回给过程的调用方。

（5）WITH　RECOMPILE：表示 SQL Server 不在高速缓存中保留该存储过程的执行计划，而在每次执行时都对它进行重新编译。

（6）WITH　ENCRYPTION：表示对存储过程的文本进行加密，防止他人查看或修改。

（7）FOR　REPLICATION：表示创建的存储过程只能在复制过程中执行而不能在订阅服务器上执行。

（8）T-SQL 语句：用于定义存储过程执行的各种操作。

创建存储过程的时候要考虑以下几个因素：

① 创建存储过程时可以参考表、视图或其他存储过程。

② 如果在存储过程中创建了临时表，那么该临时表只在该存储过程执行时有效，当存储过程执行完毕，临时表就消失。

③ 在一个批命令中，CREATE PROCEDURE 语句不能与其他的 T-SQL 语句混合使用，需要在它们之间加入 GO 命令。

④ 存储过程可以嵌套调用，但最多不能超过 32 层，当前嵌套层的数据值存储在全局变量 @@nestlevel 中。如果一个存储过程调用另一个存储过程，那么内层的存储过程可以使用外层存储过程所创建的全部对象，包括临时表。

2. 执行存储过程

在 SQL Server 中使用 EXECUTE 语句来执行存储过程。其语法格式如下：

```
[ EXEC [ UTE ] ]   [ @状态值= ] 存储过程名[ ;分组号 ]
    [ [ @参数= ] {  参量值  | @变量  [ OUTPUT ] | [DEFAULT ] } ] [ ,…n ]
    [ WITH RECOMPILE ]
```

其中，各参数的说明如下：

（1）@状态值：是一个可选的整型变量，用于保存存储过程的返回状态。这个变量用于 EXECUTE 语句时，必须在批处理、存储过程或函数中已经声明。

（2）@参数：是在创建存储过程时定义的参数。当使用该选项时，各参数的枚举顺序可以与创建存储过程时的定义顺序不一致，否则两者顺序必须一致。

（3）参量值：是存储过程中输入参数的值。如果参数名称没有指定，则参量值必须按创建存储过程时的定义顺序给出。如果在创建存储过程时指定了参数的默认值，则执行时可以不再指定。

（4）@变量：用来存储参数或返回参数的变量。当存储过程中有输出参数时，只能用变量来接收输出参数的值，并在变量后加上 OUTPUT 关键字。

（5）OUTPUT：用来指定参数是输出参数。该关键字必须与"@变量"连用，表示输出参数的值由变量接收。

（6）DEFAULT：表示参数使用定义时指定的默认值。

（7）WITH RECOMPILE：表示执行存储过程时强制重新编译。

3. 简单存储过程的创建和执行

【例 9-1】 创建一个不包含任何参数的存储过程 P_KC，查询 KC 表中第一学期开设的课程信息，并执行该存储过程。执行结果如图 9-1 所示。

```
USE    XSCJ
GO
CREATE   PROCEDURE   P_KC
AS
    SELECT   *
    FROM   KC
    WHERE   开课学期=1
GO
EXEC   P_KC
```

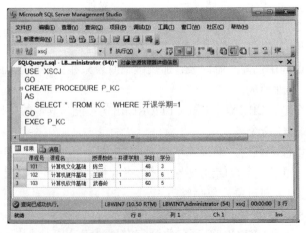

图 9-1   创建并执行存储过程"P_KC"

4. 带输入参数存储过程的创建和执行

【例9-2】 创建一个带有输入参数的存储过程 P_CJ，查询指定课程号的学生成绩信息，并执行该存储过程。执行结果如图 9-2 所示。

```
USE    XSCJ
GO
CREATE    PROC    P_CJ
    @kch    char(3)
AS
    SELECT    学号, 课程号, 成绩
    FROM    XS_KC
    WHERE    课程号=@kch
GO
EXEC    P_CJ    '102'
```

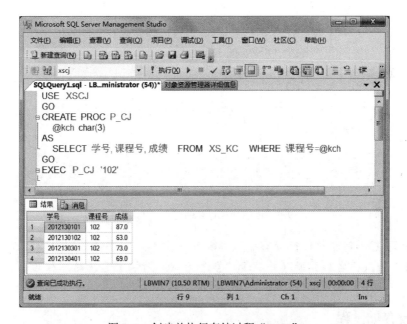

图 9-2   创建并执行存储过程"P_CJ"

【课堂练习1】   创建并执行带有输入参数的存储过程 P1，查询指定学号的学生姓名、性别和所选课程号。

5. 带输出参数存储过程的创建和执行

【例9-3】 创建一个带有输入参数和输出参数的存储过程 P_KCH，返回指定教师所授课程的课程号，并执行该存储过程。执行结果如图 9-3 所示。

```
USE    XSCJ
GO
CREATE    PROC    P_KCH
    @skjs    varchar(20), @kch    char(3)    OUTPUT
AS
```

```
        SELECT   @kch=课程号
        FROM   KC
        WHERE   授课教师=@skjs
GO
DECLARE   @skjs   varchar(20), @kch   char(3)
SET   @skjs='王颐'
EXEC   P_KCH   @skjs, @kch OUTPUT
PRINT   @skjs + ' 教师所授课程的课程号为'+@kch
```

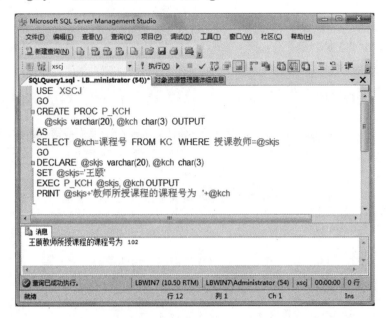

图 9-3　创建并执行存储过程"P_KCH"

【课堂练习 2】　创建并执行带有输入参数和输出参数的存储过程 P2，返回指定学号的学生所选课程的课程名和成绩，并显示"学号为 XX 的学生选修的课程名为"XX"，其成绩是：XX"。

9.1.3　修改存储过程

　　一个创建好的存储过程可以根据用户的要求或者基表、视图等定义的改变而改变。在 SQL Server 中使用 ALTER PROCEDURE 语句来修改存储过程。其语法格式如下：

```
ALTER   PROC[ EDURE ]   存储过程名[ ;分组号 ]
    [ { @参数 数据类型 } [ =默认值 ] [ OUTPUT ] ] [ ,...n ]
    [ WITH { RECOMPILE | ENCRYPTION | RECOMPILE, ENCRYPTION } ]
    [ FOR REPLICATION ]
    AS
    T-SQL 语句 [ ,...n ]
```

　　其中，各参数的含义与创建存储过程时对应参数的含义相同，此处不再赘述。修改存储过程的时候要考虑以下几个因素：

ALTER　PROCEDURE 语句不会更改原存储过程的权限，也不会影响相关的存储过程或触发器。

在一个批命令中，ALTER　PROCEDURE 语句不能与其他的 T-SQL 语句混合使用，需要在它们之间加入 GO 命令。

【例 9-4】 修改【例 9-1】中创建的存储过程 P_KC，使它只查询课程信息中的课程号、课程名和授课教师三列信息。执行结果如图 9-4 所示。

```
USE   XSCJ
GO
ALTER   PROCEDURE   P_KC
AS
    SELECT   课程号, 课程名, 授课教师
    FROM   KC
    WHERE   开课学期=1
```

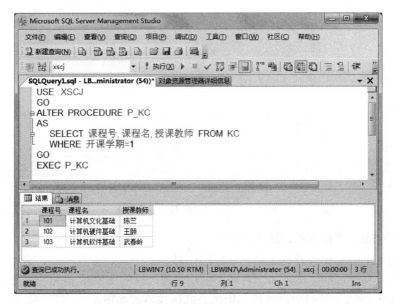

图 9-4　修改并执行存储过程"P_KC"

9.1.4　查看存储过程信息

1. 在对象资源管理器中查看存储过程信息

【例 9-5】 查看 XSCJ 数据库中的存储过程 P_KCH 的信息。

实施步骤如下：

（1）在"对象资源管理器"中依次展开"XSCJ"数据库中的"可编程性"节点，定位到"存储过程"节点。

（2）鼠标右键单击"P_KCH"存储过程，在弹出的快捷菜单中单击"属性"命令，会出现如图 9-5 所示的对话框。

（3）在该对话框中，分别单击"常规"、"权限"、"扩展属性"选项，可以查看该存储过

程的相关信息。

图 9-5 "存储过程属性"对话框

2．使用 T-SQL 语句查看存储过程信息

可以用命令的方式来查看有关存储过程的信息。

（1）查看存储过程的定义，即查看用于创建存储过程的 T-SQL 语句。这对于没有创建存储过程的 T-SQL 脚本文件的用户是很有用的。其语法格式如下：

EXEC[UTE]　sp_helptext　存储过程名

（2）获得有关存储过程的信息，如存储过程的架构、创建时间及其参数等。其语法格式如下：

EXEC[UTE]　sp_help　存储过程名

（3）查看存储过程的依赖关系，即列出存储过程所使用的对象和调用该存储过程的其他过程。其语法格式如下：

EXEC[UTE]　sp_depends　存储过程名

【例 9-6】 查看存储过程 P_KCH 的定义文本。执行结果如图 9-6 所示。

EXEC　sp_helptext　P_KCH

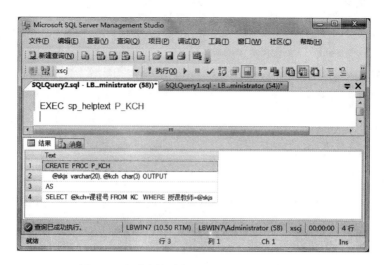

图 9-6　查看存储过程"P_KCH"的基本信息

【例 9-7】　查看存储过程 P_KCH 的所有者、创建时间和各个参数信息。执行结果如图 9-7 所示。

```
USE   XSCJ
GO
EXEC    sp_help    P_KCH
```

图 9-7　查看存储过程"P_KCH"的基本信息

【例 9-8】　查看存储过程 P_KCH 的依赖关系，即该存储过程引用的对象和引用该存储过程的对象。执行结果如图 9-8 所示。

```
USE   XSCJ
GO
EXEC    sp_depends    P_KCH
```

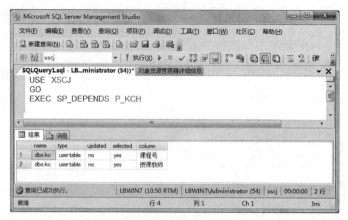

图 9-8　查看存储过程 "P_KCH" 的依赖关系

9.1.5　删除存储过程

1．在资源管理器中删除存储过程

【例 9-9】　删除存储过程 P_KC。

实施步骤如下：

（1）在"对象资源管理器"中依次展开"XSCJ"数据库中的"可编程性"节点，定位到"存储过程"节点。

（2）鼠标右键单击"P_KC"存储过程，在弹出的快捷菜单中单击"删除"命令，会出现如图 9-9 所示的对话框。

图 9-9　"删除存储过程"对话框

（3）单击"确定"按钮即可完成删除操作。

2．使用 DROP　PROCEDURE 语句删除存储过程

DROP　PROCEDURE 的语法格式如下：

```
DROP    PROC [ EDURE ]    存储过程名 [ ,…n ]
```

删除存储过程的时候要考虑以下几个因素：

（1）DROP PROCEDURE 语句可删除一个或多个存储过程或存储过程组，但不能删除存储过程组中的某个存储过程。

（2）为了确定要删除的存储过程是否被其他存储过程嵌套调用，可以查看它的依赖关系。

9.2　触发器

9.2.1　触发器概述

SQL Server 提供了两种主要机制来强制使用业务规则和数据完整性：约束和触发器。触发器是一种特殊类型的存储过程，包括三种类型：DML 触发器、DDL 触发器和登录触发器。当数据库中发生 DML 事件（数据操作语言事件，如 INSERT、UPDATE 和 DELETE）时，将调用 DML 触发器。当服务器或数据库中发生 DDL 事件（数据定义语言事件，如 CREATE、ALTER 和 DROP）时，将调用 DDL 触发器。当发生 LOGON 事件（用户与 SQL Server 实例建立会话）时，将调用登录触发器。本书重点介绍 DML 触发器的使用。

触发器具有以下优点：

（1）触发器自动执行。触发器不用别人调用，是通过事件进行触发而自动执行的。

（2）触发器可以强制数据完整性。触发器包含了使用 T-SQL 语句的复杂处理逻辑，不仅支持约束的所有功能，还可以实现更为复杂的数据完整性约束。例如它可以实现比 CHECK 约束更复杂的功能。CHECK 约束只能根据逻辑表达式或同一表中的列来验证列值。如果应用程序要求根据另一个表中的列验证列值，则必须使用触发器。

（3）触发器可以通过数据库中的相关表实现级联更改。

需要注意的是，尽管触发器是一种功能强大的工具，但在某些情况下并不总是最好的方法。约束的执行优先于触发器。如果约束的功能完全能够满足应用程序的需求，就应该考虑使用约束。当约束无法满足要求时，触发器就极为有用。

9.2.2　DML 触发器的创建和激活

在 SQL Server 中使用 CREATE TRIGGER 语句来创建触发器。其语法格式如下：

```
CREATE    TRIGGER    触发器名
ON    { 表 | 视图 }
[ WITH ENCRYPTION ]
{ FOR | AFTER | INSTEAD OF } { [ INSERT ] [ , ] [ UPDATE ] [ , ] [ DELETE ] }
[ NOT FOR REPLICATION ]
AS
T-SQL 语句
```

其中，各参数的说明如下：

（1）WITH ENCRYPTION：像存储过程一样，也可以使用 WITH ENCRYPTION 选项对触发器的文本进行加密。

（2）FOR | AFTER：指定触发器只有在触发事件包含的所有操作都已成功执行后才被激活。所有的引用级联操作和约束检查也必须在激活此触发器之前成功完成。可以指定 FOR，也可以指定 AFTER。注意，不能在视图上定义 AFTER 触发器。

（3）INSTEAD OF：用该选项来创建触发器时，将用触发器中的 SQL 语句代替触发事件包含的 SQL 语句来执行。

（4）INSERT、UPDATE 和 DELETE：指定在表或视图上用于激活触发器的操作类型。必须至少指定一个选项。在触发器定义中允许使用这些选项的任意组合。如果指定的选项多于一个，则需用逗号分隔这些选项。

（5）NOT FOR REPLICATION：表示当复制代理修改涉及触发器的表时，不会激活触发器。

（6）T-SQL 语句：用于定义触发器执行的各种操作。

DML 触发器和触发它的语句，被视为单个事务，可以在触发器中回滚该事务，如果检测到严重错误（例如，磁盘空间不足），则整个事务会自动回滚。

DML 触发器最常见的应用是为表的修改设置复杂的规则。当表的修改不符合触发器设置的规则时，触发器就应该撤销对表的修改操作。此时，可以使用 ROLLBACK TRANSACTION 语句。ROLLBACK TRANSACTION 语句不生成显示给用户的信息，如果在触发器中需要发出警告，则可使用 RAISERROR 或 PRINT 语句。

每个触发器被激活时，系统都为它自动创建两张临时表：Inserted 表和 Deleted 表。这两张表都是逻辑（概念）表，它们在结构上类似于定义触发器的表，其中 Inserted 表用于存储 INSERT 和 UPDATE 语句所影响的行的副本；Deleted 表用于存储 DELETE 和 UPDATE 语句所影响的行的副本。触发器执行完成后，这两张临时表会自动被删除。

当执行 INSERT 操作时，新行被同时添加到触发器表和 Inserted 表中；当执行 DELETE 操作时，行从触发器表中删除，并被保存到 Deleted 表中；当执行 UPDATE 操作时，旧行被保存到 Deleted 表中，然后新行被复制到触发器表和 Inserted 表中。

1. 创建和激活 INSERT 触发器

【例 9-10】 为 XSQK 表创建一个 INSERT 触发器，当插入的新行中"所在系"的值不是"计算机应用"时，就撤销该插入操作，使用 RAISERROR 语句返回错误信息。然后激活触发器以实现数据完整性。执行结果如图 9-10 所示。

```
CREATE   TRIGGER   T_INSERT_XSQK
ON   XSQK                                          ——在 XSQK 表上创建触发器
FOR   INSERT                                       ——创建 INSERT 后触发器
AS
    DECLARE   @szx   varchar(20)                   ——声明变量
    SELECT   @szx=所在系   FROM   Inserted        ——获取新插入行的"所在系"值
    IF   @szx!='计算机应用'
            ——如果新插入行"所在系"值不是"计算机"，则撤销插入，并给出错误信息
BEGIN
    ROLLBACK   TRANSACTION                              ——撤销插入操作
    RAISERROR('不能插入非计算机应用系的学生信息！', 16, 10)    ——返回一个错误信息
END
```

GO
INSERT XSQK(学号, 姓名, 性别, 出生日期, 专业名, 所在系)
VALUES('2012140101', '陈希', 1, '1995-8-12', '环境艺术', '传媒')　　　　——激活触发器的语句

图 9-10　创建并激活触发器"T_INSERT_XSQK"

【课堂练习 3】　为 XS_KC 表创建一个名为 T1 的 INSERT 触发器，当向 XS_KC 表进行插入操作时激活该触发器，并给出提示信息"有新成绩信息插入到 XS_KC 表中！"。

2. 创建和激活 UPDATE 触发器

【例 9-11】　为 XSQK 表创建一个 UPDATE 触发器，当更新了某位学生的学号信息时，就用触发器级联更新 XS_KC 表中相关的学号信息。然后激活触发器以实现数据完整性。执行结果如图 9-11 所示。

```
CREATE  TRIGGER  T_UPDATE_XSQK
ON  XSQK                                    ——在 XSQK 表上创建触发器
FOR  UPDATE                                 ——创建 UPDATE 后触发器
AS
    DECLARE  @old  char(10), @new  char(10)  ——声明变量
    SELECT  @old =Deleted.学号, @new =Inserted.学号  ——获取更新前后的学号值
    FROM  Deleted, Inserted
    WHERE  Deleted.姓名=Inserted.姓名
    PRINT  '准备级联更新 XS_KC 表中的学号信息…'  ——显示一个提示信息
    UPDATE  XS_KC                           ——级联更新 XS_KC 表中相关成绩记录的学号信息
    SET  学号=@new
    WHERE  学号=@old
    PRINT  '已经级联更新 XS_KC 表中原学号为'+@old +'的信息！'  ——显示一个提示信息
GO
UPDATE  XSQK                                ——激活触发器的语句
```

```
SET    学号='2012130999'
WHERE    学号='2012130101'
```

图 9-11　创建并激活触发器 "T_UPDATE_XSQK"

提示：由于 XS_KC 表中的 "学号" 列上有外键约束，而外键约束默认是强制约束（即不能修改 XSQK 和 XS_KC 表中的学号值），如果要实现本例中的级联更新操作，则需将外键的强制约束设置为 "否"，如图 9-12 所示。

图 9-12　取消外键的强制约束

【例 9-12】　为 XS_KC 表创建一个 UPDATE 触发器，并利用 UPDATE 函数检测成绩列是否被更新，若成绩列被更新，则显示学号、课程号、原成绩和新成绩信息。然后激活触发器以实现数据完整性。执行结果如图 9-13 所示。

分析：UPDATE（列名）函数检测在指定的列上是否进行了 INSERT 或 UPDATE 操作，但不能检测 DELETE 操作。根据指定列是否被更新，UPDATE()将返回 TRUE 或 FALSE。

```
CREATE   TRIGGER   T_UPDATE_XS_KC
ON   XS_KC                                ——在 XS_KC 表上创建触发器
FOR   UPDATE                              ——创建 UPDATE 后触发器
AS
IF   UPDATE(成绩)                          ——检测成绩列是否被更新
BEGIN
    SELECT   Inserted.学号, Inserted.课程号, Deleted.成绩 AS 原成绩, Inserted.成绩 AS 新成绩
    FROM   Inserted, Deleted                ——显示学号、课程号、原成绩和新成绩信息
    WHERE   Inserted.学号=Deleted.学号
END
GO
UPDATE   XS_KC                            ——激活触发器的语句
SET   成绩=95
WHERE   学号='2012130102'   AND   课程号='101'
```

图 9-13   创建并激活触发器"T_UPDATE_XS_KC"

【课堂练习 4】 为 XSQK 表创建一个名为 T2 的 UPDATE 触发器，当对该表的"姓名"列修改时激活该触发器，使用户不能修改"姓名"列。

3. 创建和激活 DELETE 触发器

【例 9-13】 为 XSQK 表创建一个 DELETE 触发器，当要删除学生记录时，就撤销该删除操作，并给出提示信息，然后激活触发器以实现数据完整性。

```
CREATE    TRIGGER    T_DELETE_XSQK
ON    XSQK
FOR    DELETE
AS
     ROLLBACK    TRANSACTION
     PRINT    '不能删除 XSQK 表中的学生信息!'
GO
DELETE    XSQK    WHERE    学号='2011130301'          ——激活触发器的语句
```

【课堂练习 5】 为 XSQK 表创建一个名为 T3 的 DELETE 触发器，当要删除信息安全专业学生的数据行时，激活该触发器，撤销删除操作，并给出提示信息"不能删除信息安全专业的学生信息!"，否则给出提示信息"删除成功!"

9.2.3 DDL 触发器的创建和激活

创建 DDL 触发器的语法格式如下：

```
CREATE    TRIGGER    触发器名
  ON    { ALL SERVER | DATABASE }
  [ WITH ENCRYPTION ]
  { FOR | AFTER } { event_type | event_group } [ , … n ]
  AS
  T-SQL  语句
```

创建 DDL 触发器的语法同创建 DML 触发器的语法非常相似，其中相同参数的含义不再赘述，不同参数的说明如下：

（1）ALL SERVER：表示将 DDL 触发器的作用域应用于当前服务器。

（2）DATABASE：表示将 DDL 触发器的作用域应用于当前数据库。

（3）event_type：执行之后将导致激活 DDL 触发器的 T-SQL 事件的名称，如 CREATE_TABLE、ALTER_TABLE 和 DROP_TABLE 等。

（4）event_group：预定义的 T-SQL 事件分组的名称。执行任何属于 event_group 的 T-SQL 事件后，都将激活 DDL 触发器。如 DDL_TABLE_EVENTS 语言事件分组涵盖 CREATE TABLE、ALTER TABLE 和 DROP TABLE 语句。

DDL 触发器用于数据库的管理任务，如：审核和控制数据库操作。

【例 9-14】 为 XSCJ 数据库创建一个 DDL 触发器。每当修改或删除数据库中的表时，就撤销该操作，并使用 PRINT 语句返回一个提示信息。执行结果如图 9-14 所示。

```
USE    XSCJ
GO
CREATE    TRIGGER    T_XSCJ_DDL
ON    DATABASE
FOR    ALTER_TABLE, DROP_TABLE
AS
     ROLLBACK    TRANSACTION
     PRINT    '无法修改或删除表! 请在操作前禁用或删除 DDL 触发器"T_XSCJ_DDL"'
```

```
GO
ALTER    TABLE    XSQK        ADD    QQ    VARCHAR(15)                        ——激活触发器的语句
```

图 9-14　创建并激活 DDL 触发器

9.2.4　修改触发器

在 SQL Server 中使用 ALTER TRIGGER 语句来修改触发器。其语法格式如下：

```
ALTER    TRIGGER    触发器名
ON    { 表 | 视图 }
[ WITH ENCRYPTION ]
{ FOR | AFTER | INSTEAD OF } { [ INSERT ] [ , ] [ UPDATE ] [ ,] [ DELETE ] }
[ NOT FOR REPLICATION ]
AS
T-SQL 语句
```

显然，修改触发器与创建触发器的语法基本相同，只是将 CREATE 关键字换成了 ALTER 关键字而已。其中，各参数的含义与创建触发器时对应参数的含义相同，此处不再赘述。

【例 9-15】　修改【例 9-10】中创建的触发器 T_INSERT_XSQK，使得当插入的新行中 "所在系"的值既不是"计算机应用"也不是"工商管理"时，就撤销该插入操作，并使用 RAISERROR 语句返回错误信息。

```
ALTER    TRIGGER    T_INSERT_XSQK
ON    XSQK
FOR    INSERT
AS
  DECLARE    @szx    varchar(20)
  SELECT    @szx = 所在系    FROM    Inserted
  IF    @szx != '计算机应用'    AND    @szx != '工商管理'
```

```
BEGIN
    ROLLBACK  TRANSACTION
    RAISERROR('不能插入非计算机应用系的学生信息！', 16, 10)
END
```

9.2.5 查看触发器信息

1. 在对象资源管理中查看触发器信息

【例 9-16】 查看触发器 T_UPDATE_XSQK 的信息。

实施步骤如下：

（1）在"对象资源管理器"中依次展开"XSCJ"数据库中的"XSQK"表节点下的 "触发器"节点，定位到"T_UPDATE_XSQK"触发器节点。

（2）鼠标右键单击该触发器，在弹出的快捷菜单中单击"查看依赖关系"命令，出现如图 9-15 所示的对话框。

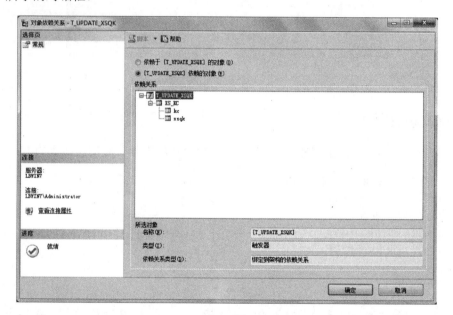

图 9-15 "对象依赖关系"对话框

（3）在该对话框中单击"依赖于触发器的对象"或"触发器依赖的对象"单选按钮，可以看到对应的依赖关系。

2. 使用 T-SQL 语句查看触发器信息

可以用命令的方式来查看有关触发器的信息。

（1）查看触发器的定义，即查看用于创建触发器的 T-SQL 语句。这对于没有创建触发器的 T-SQL 脚本文件的用户是很有用的。其语法格式如下：

    EXEC[UTE] sp_helptext 触发器名

（2）获得有关触发器的信息，如触发器的所有者、创建时间等。其语法格式如下：

    EXEC[UTE] sp_help 触发器名

（3）查看触发器的依赖关系，即列出触发器所引用的对象和引用该触发器的其他触发器。其语法格式如下：

EXEC[UTE]　sp_depends　触发器名

（4）查看在该表或视图上创建的所有触发器对象。其语法格式如下：

EXEC[UTE]　sp_helptrigger　表名 | 视图名

【例 9-17】 查看触发器 T_UPDATE_XSQK 的所有者、创建时间等基本信息。执行结果如图 9-16 所示。

EXEC　sp_help　T_UPDATE_XSQK

图 9-16　查看触发器"T_UPDATE_XSQK"的基本信息

【例 9-18】 查看触发器 T_UPDATE_XSQK 的依赖关系，即该触发器引用的对象和引用该触发器的对象。执行结果如图 9-17 所示。

EXEC　sp_depends　T_UPDATE_XSQK

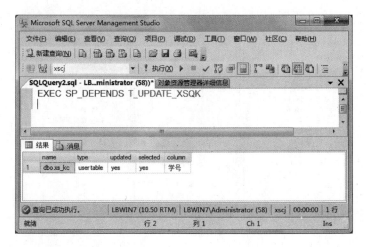

图 9-17　查看触发器"T_UPDATE_XSQK"的依赖关系

【例9-19】 查看 XSQK 表上创建的所有触发器信息。执行结果如图 9-18 所示。

EXEC sp_helptrigger XSQK

图 9-18 查看 XSQK 表上所有触发器信息

9.2.6 删除触发器

1. 在对象资源管理器中删除触发器

【例9-20】 删除触发器 T_UPDATE_XSQK。

实施步骤如下：

（1）在"对象资源管理器"中依次展开"XSCJ"数据库中的"XSQK"表下的"触发器"节点，定位到"T_UPDATE_XSQK"触发器节点。

（2）鼠标右键单击该触发器，在弹出的快捷菜单中单击"删除"命令，出现"删除对象"的对话框。

（3）单击"确定"按钮即可完成操作。

提示：在"对象资源管理器"中，不同类型的触发器所在的位置是不相同的，如图 9-19 所示。

DML 触发器所在的节点　　　数据库范围的 DDL　　　服务器范围的
　　　　　　　　　　　　触发器所在的节点　　　DDL 触发器所在的节点

图 9-19 各种触发器所在节点的示意图

2．使用 DROP　TRIGGER 语句删除触发器

DROP　TRIGGER 语句的语法格式如下：

DROP　TRIGGER　触发器名 [,...n]

9.2.7　禁用触发器

用户可以禁用、启用一个指定的触发器或者一个表的所有触发器。当禁用一个触发器后，它在表上的定义仍然存在。但是，当对表执行 INSERT、UPDATE 或者 DELETE 语句时，并不执行触发器的动作，直到重新启动触发器为止。

1．禁用对表的 DML 触发器

【例 9-21】 使用语句禁用在 XSCJ 数据库的 XSQK 表上创建的 DML 触发器 "T_ INSERT_ SQK"。

DISABLE　TRIGGER　T_INSERT_XSQK　ON　XSQK

2．禁用对数据库的 DDL 触发器

【例 9-22】 使用语句禁用 XSCJ 数据库作用域的 DDL 触发器 "T_ XSCJ_DDL"。

DISABLE　TRIGGER　T_XSCJ_DDL　ON　DATABASE

3．禁用以同一作用域定义的所有触发器

【例 9-23】 使用语句禁用在服务器作用域中创建的所有 DDL 触发器。

DISABLE　TRIGGER　ALL　ON　ALL　SERVER

禁用之后的启用操作，应该使用语句 ENABLE　TRIGGER，该语句的参数与对应的禁用语句相同。

【课后习题】

一、填空题

1．存储过程通过＿＿＿＿＿＿来与调用它的程序通信。在程序调用存储过程时，一般通过＿＿＿＿＿＿参数将数据传递给存储过程，通过＿＿＿＿＿＿参数将数据返回给调用它的程序。

2．使用＿＿＿＿＿＿语句来执行存储过程。

3．SQL Server 提供了三种类型的触发器，它们分别是＿＿＿＿＿＿、＿＿＿＿＿＿和＿＿＿＿＿＿。

4．DML 触发器按触发时机不同，可分为＿＿＿＿＿＿触发器和＿＿＿＿＿＿触发器。

5．激活 DML 触发器的操作有三类，分别是＿＿＿＿＿＿、＿＿＿＿＿＿和＿＿＿＿＿＿。

二、选择题

1．以下存储过程，正确的叙述是（　　　）。

```
CREATE　PROCEDURE　Proc1
@id　int, @name　char(10)　output
AS
SELECT　@name=name　FROM　STUDENTS　WHERE　id=@id
```

A. @id 是输出参数，@name 是输出参数

B. @id 是输入参数，@name 是输出参数

C. @id 是输入参数，@name 是输入参数

D. @id 是输出参数，@name 是输入参数

2. 若创建的存储过程不能被查看，则在创建存储过程时需带的参数是（　　）。

A. WITH　NORECOVERY　　　　　　B. WITH　NOCHECK

C. WITH　INIT　　　　　　　　　　　D. WITH　ENCRYPTION

3. 在 DML 触发器被激活时，可以使用两个由系统创建的临时表，它们是（　　）。

A. INSERT、UPDATE　　　　　　　　B. INSERTED、UPDATED

C. INSERT、DELETE　　　　　　　　D. INSERTED、DELETED

4. 删除触发器的命令是（　　）。

A. DELETE　TRIGGER　　　　　　　B. ALTER　TRIGGER

C. DROP　TRIGGER　　　　　　　　D. UPDATE　TRIGGER

三、判断题

1. 使用存储过程比使用相同的 SQL 语句执行速度慢。

2. 执行存储过程中的语句，EXECUTE 关键字总可以省略。

3. CREATE　PROCEDURE 语句不能与其他的 T-SQL 语句在一个批处理中混合使用。

4. DML 触发器作用于表或视图，DDL 触发器作用于服务器和数据库。

5. 存储过程设计有助于提高整个数据库系统的性能。

【课外实践】

任务 1：创建带有输入参数的基于插入操作的存储过程。

要求：用于在 KC 表中插入一条新的课程信息，课程信息由变量形式给出。

任务 2：创建带有输入参数的基于更新操作的存储过程。

要求：用于在 XS_KC 表中将指定课程成绩大于 55 小于 60 的都提高到 60 分，课程号由输入参数指定。

任务 3：创建带有输入参数和输出参数的存储过程。

要求：输入参数用于指定学号信息，输出参数用于保存该学生的姓名、性别、专业名和所在系信息。

任务 4：创建 INSERT 触发器。

要求：当在 KC 表中插入一条新课程信息时，激活触发器以提示"插入成功！"。

任务 5：创建 UPDATE 触发器。

要求：当更新 KC 表中的课程号列时，激活触发器以级联更新 XS_KC 表中的相关课程号。

任务 6：创建 DELETE 触发器。

要求：当删除 XSQK 表中的某条学生信息时，激活触发器以级联删除 XS_KC 表中该学生的相关成绩信息。

第10章　SQL Server 2008 安全管理

📝【学习目标】
- 掌握 SQL Server 2008 的身份认证模式
- 掌握 SQL Server 2008 的角色管理
- 掌握 SQL Server 2008 的用户管理
- 理解 SQL Server 2008 的权限管理

10.1　SQL Server 2008 的安全等级

数据库通常都保存着重要的商业数据和客户信息，例如，交易记录、工程数据和个人资料等等。数据完整性和合法存取会受到很多方面的安全威胁，包括密码策略、系统后门、数据库操作以及本身的安全方案。另外，数据库系统中存在的安全漏洞和不当的配置通常会造成严重的后果，而且都难以发现。

为了防止非法用户对数据库进行操作，以保证数据库的安全，SQL Server 2008 提供了强大的、内置的安全性和数据保护，它采用"最少特权"原则，只授予用户工作所需的权限。

对于数据库管理来说，保护数据不受内部和外部侵害是一项重要的工作。SQL Server 2008 的身份验证、授权和验证机制可以保护数据免受未经授权的泄漏和篡改。

SQL Server 2008 的安全机制主要包括服务器级别安全机制、数据库级别安全机制和对象级别安全机制。这些机制像一道道上了锁的门，用户必须拥有开门的钥匙才可以通过上一道门到达下一道门，如果用户通过了所有的门，就可以实现对数据的访问，否则用户是无法访问数据的。

10.1.1　服务器级的安全性

SQL Server 2008 服务器级的安全性主要通过服务器登录和密码进行控制。SQL Server 2008 提供两种登录方式：一种是 Windows 登录；另一种是 SQL Server 登录。无论使用哪一种方式登录服务器，用户都必须提供登录的账号和密码，不同的账号决定了用户能否获得 SQL Server 2008 的访问权限。

10.1.2　数据库级的安全性

在登录 SQL Server 2008 服务器后，用户还将面对不同数据库的访问权限。数据库级的安全性主要通过用户账户进行控制，要想访问一个数据库，必须拥有该数据库的一个用户账户身份。该用户账户是在登录服务器时通过登录账户进行映射的。

在建立用户的登录账户信息时，SQL Server 2008 会提示用户选择默认的数据库。以后用户每次连接上服务器后，都会自动转到默认的数据库上。对于任何用户来说，在设置登录账户时没有指定默认的数据库，则用户的权限将局限在 Master 数据库以内。

10.1.3 数据库对象级的安全性

数据库对象的安全性是核查用户权限的最后一个安全等级。该级别的安全性通过设置数据库对象的访问权限进行控制。在创建数据库对象时，SQL Server 将自动把该数据库对象的拥有权赋予该对象的所有者。数据对象访问的权限包括用户对数据库中数据对象的引用、数据操作语句的许可权限。

默认情况下，只有数据库的所有者才可以在该数据库下进行操作。当一个非数据库所有者想访问该数据库里的对象时，必须事先由数据库的所有者赋予该用户对指定对象执行特定操作的权限。例如：一个用户想访问"XSCJ"数据库中的"XSQK"表中的信息，则他必须先成为该数据库的合法用户，然后，再获得"XSCJ"数据库所有者分配的针对"XSQK"表的访问权限。

10.2 SQL Server 2008 的身份验证模式

登录 SQL Server 访问数据的人，必须要拥有一个 SQL Server 服务器允许能登录的账号和密码，只有以该账号和密码通过 SQL Server 服务器验证后才能访问其中数据。SQL Server 2008 提供了 Windows 身份验证和混合身份验证两种模式，每一种身份验证都有一个不同类型的登录账户。无论哪种模式，SQL Server 2008 都需要对用户的访问进行两个阶段的检验：验证阶段和许可确认阶段。

（1）验证阶段。用户在 SQL Server 2008 获得对任何数据库的访问权限之前，必须登录到 SQL Server 上，并且被认为是合法的。SQL Server 或者 Windows 要求对用户进行验证。如果验证通过，则用户就可以连接到 SQL Server 2008 上；否则，服务器将拒绝用户登录。

（2）许可确认阶段。用户验证通过后会登录到 SQL Server 2008 上，此时系统将检查用户是否有访问服务器上数据的权限。

说明：Windows 身份验证模式会启用 Windows 身份验证并禁用 SQL Server 身份验证。混合模式会同时启用 Windows 身份验证和 SQL Server 身份验证。Windows 身份验证始终可用，并且无法禁用。

10.2.1 Windows 身份验证

Windows 身份验证是指要登录到 SQL Server 服务器的用户身份由 Windows 系统来进行验证。也就是说，该模式可以使用 Windows 域中有效的用户和组账户来进行身份验证。该模式下的域用户不需要独立的 SQL Server 账户和密码就可以访问数据库。如果用户更新了自己的域密码，也不必更改 SQL Server 2008 的密码。因此，域用户不需记住多个密码，这对用户来说是比较方便的。但是，在该模式下用户仍然要遵从 Windows 安全模式的所有规则，并可以用这种模式去锁定账户、审核登录和迫使用户周期性地更改登录密码。

Windows 身份验证是一种默认的、比较安全的身份验证模式。通过 Windows 身份验证完成的连接又称为信任连接，这是因为 SQL Server 信任由 Windows 提供的凭据。

Windows 身份验证模式有以下主要优点：

（1）对用户账户的管理可以交给 Windows 去完成。而数据库管理员专注于数据库的管理。

（2）可以充分利用 Windows 系统的用户账户管理工具，包括安全验证、加密、审核、密码过期、最小密码长度和账户锁定等。如果不通过定制来扩展 SQL Server，SQL Server 则不具备这些功能。

（3）利用 Windows 的用户组管理策略，SQL Server 可以针对一组用户进行访问权限设置，因而可以通过 Windows 对用户进行集中管理。

10.2.2　混合模式

SQL Server 2008 的另一种身份验证模式是混合安全的身份验证模式，该模式同时使用 Windows 身份验证和 SQL Server 登录。SQL Server 登录主要用于外部的用户，如：从 Internet 访问数据库的用户。通过配置从 Internet 访问 SQL Server 2008 的应用程序，可以自动地使用指定的账户或提示用户输入有效的 SQL Server 用户账户和密码。

使用混合安全模式，SQL Server 2008 首先确定用户的连接是否使用有效的 SQL Server 用户账户登录。如果用户使用有效的登录和使用正确的密码，则接受用户的连接；如果用户使用有效的登录，但是使用不正确的密码，则用户的连接被拒绝。仅当用户没有有效的登录时，SQL Server 2008 才检查 Windows 账户的信息。在这种情况下，SQL Server 2008 将会确定 Windows 账户是否有连接到服务器的权限。如果账户有权限，连接被接受；否则，连接被拒绝。

当使用混合模式身份验证时，在 SQL Server 中创建的登录名并不基于 Windows 用户账户。用户名和密码均通过使用 SQL Server 创建并存储在 SQL Server 中。通过混合模式身份验证进行连接的用户每次连接时必须提供其凭据（登录名和密码）。当使用混合模式身份验证时，必须为所有 SQL Server 账户设置强密码。

混合模式身份验证的优点如下：

（1）支持那些需要进行 SQL Server 身份验证的旧版应用程序和由第三方提供的应用程序。

（2）支持具有混合操作系统的环境，在这种环境中并不是所有用户均由 Windows 域进行验证。

（3）允许用户从未知的或不可信的域进行连接。例如，既定客户使用指定的 SQL Server 登录名进行连接以接收其订单状态的应用程序。

（4）支持基于 Web 的应用程序，在这些应用程序中用户可创建自己的标识。

（5）允许软件开发人员通过使用基于已知的预设 SQL Server 登录名的复杂权限层次结构来分发应用程序。

说明：使用 SQL Server 身份登录时，不仅要确保 SQL Server 采用混合模式身份验证，而且还要保证在 SQL Server 系统中存在该登录用户。

10.2.3　配置身份验证模式

如果在安装过程中选择混合模式身份验证，则必须为内置的 sa 账户（SQL Server 系统管理员账户）提供一个强密码并确认该密码。sa 账户通过使用 SQL Server 身份验证进行连接。

如果在安装过程中选择 Windows 身份验证，则安装程序会为 SQL Server 身份验证创建 sa 账户，但会禁用该账户。如果以后要更改为混合模式身份验证并使用 sa 账户，则必须启用该账户。

【例 10-1】 更改 SQL Server 身份验证模式。

实施步骤如下：

（1）在"对象资源管理器"窗口，右键单击"服务器"节点，在弹出的快捷菜单中选择"属性"命令，会出现"服务器属性"对话框。

（2）单击"选择页"列表中的"安全性"选项，在"服务器身份验证"区根据需要选择合适的身份验证模式，如图 10-1 所示。

（3）单击"确定"按钮。

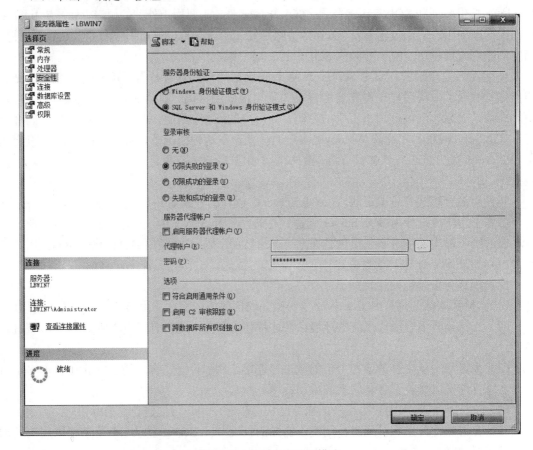

图 10-1　设置身份验证模式

10.3　SQL Server 2008 登录

10.3.1　服务器登录

登录 SQL Server 服务器的方式有两种：一种是使用域账户登录。域账户包括域或本地用户账户、本地组账户、通用的或全局的域组账户等。另一种是使用指定的唯一登录 ID 和密码登录。

SQL Server 2008 安装完成后提供了一些内置的登录名，包括本地管理员组、本地管理员、sa、Network Service 和 SYSTEM。

1．系统管理员组

管理员组在 SQL Server 2008 数据库服务器上属于本地组。该组的成员包括本地管理员用户账户和任何被设置为管理员的本地其他用户。在 SQL Server 2008 中，该组被默认授予 sysadmin 服务器角色。

2．管理员用户账户

管理员用户账户是指管理员在 SQL Server 2008 服务器上的本地用户账户。该账户提供对本地系统的管理权限，主要在安装系统时使用它。如果计算机是 Windows 域的一部分，管理员账户通常也有域范围的权限。在 SQL Server 2008 中，这个账户被默认授予 sysadmin 服务器角色。

3．sa 账户

sa 是 SQL Server 系统管理员的账户。由于在 SQL Server 2008 中采用了新的集成和扩展的安全模式，sa 不再是必需的。该登录账户的存在主要为了让早期的 SQL Server 版本向后兼容。同样，在 SQL Server 2008 中，sa 被默认授予 sysadmin 服务器角色。

说明：在默认安装 SQL Server 2008 的时候，sa 账户没有被指派密码，而且未启用。

【例 10-2】 启用内置的 SQL Server 登录账户 sa，并为其设置强密码。

实施步骤如下：

（1）在"对象资源管理器"窗口中展开"安全性"→"登录名"节点，如图 10-2 所示。

图 10-2　SQL Server 登录名列表

（2）双击"sa 账户"，会出现如图 10-3 所示的对话框。

（3）在该对话框的"常规"选项卡中，输入强密码。

（4）单击"状态"选项卡，在"设置"区域分别选择"授予"和"启用"，如图 10-4 所示。

图 10-3　设置 sa 账户密码

（5）单击"确定"按钮。

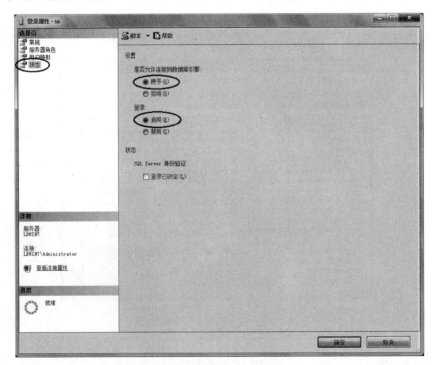

图 10-4　启用 sa 账户

提示：由于 sa 账户经常成为恶意用户的攻击目标，除非应用程序必须使用 sa 账户，一般不要启用该账户，如果需要使用 sa 账户，则一定要设置强密码，切忌设置空密码或弱密码。

4．Network Service 和 SYSTEM

Network Service 和 SYSTEM 是 SQL Server 2008 服务器上内置的本地账户，而是否创建这些账户的服务器登录，依赖于服务器的配置。例如，如果已经将服务器配置为报表服务器，则此时将有一个 NETWORK SERVICE 的登录账户，这个登录将是 Master、Msdb 和 ReportServerTempDB 数据库的特殊数据库角色"RSExceRole"的成员。

提示：RSExceRole 主要用于管理报表服务器架构，并且服务器实例的服务账户也将是这个角色的一个成员。

在服务器实例设置期间，NETWORK SERVICE 和 SYSTEM 账户可以是为 SQL Server、SQL Server 代理、分析服务和报表服务器所选择的服务账户。在这种情况下，SYSTEM 账户通常具有 sysadmin 服务器角色，允许其完全访问以管理服务器实例。

10.3.2　创建登录名

由于 SQL Server 2008 内置的登录名都具有特殊的含义和作用，因此，一般情况下是不会将它们分配给普通用户使用，而是为普通用户创建一些合适的、具有相应权限的登录名。

1．创建 SQL Server 登录

【例 10-3】 创建一个名为"XSCJ_User1"的 SQL Server 登录名，使其可以访问"XSCJ"数据库。

实施步骤如下：

（1）在"对象资源管理器"中依次展开"服务器"→"安全性"节点→定位在"登录名"节点。

（2）鼠标右键单击"登录名"节点，从弹出的快捷菜单中选择"新建登录名"命令，会出现如图 10-5 所示的对话框。

（3）在该对话框的"登录名"框中输入"XSCJ_User1"；选择"SQL Server 身份验证"单选按钮，并设置密码和确认密码。

（4）在"默认数据库"下拉列表中选择"XSCJ"。

（5）单击左侧"选择页"列表中的"用户映射"选项，会出现如图 10-6 所示的对话框。

（6）在该对话框中，勾选"XSCJ"数据库前的复选框。

（7）单击"确定"按钮，完成 SQL Server 登录账户的创建。

【例 10-4】 测试登录名"XSCJ_User1"是否能成功登录服务器，并能访问"XSCJ"数据库。

实施步骤如下：

（1）在"对象资源管理器"中，单击工具栏上的"连接"→"数据库引擎"命令，将打开"连接到服务器"对话框。

（2）在该对话框中，选择"身份验证"下拉列表中"SQL Server 身份验证"选项，在"登录名"框中输入"XSCJ_User1"，在"密码"框输入相应的密码，如图 10-7 所示。

图 10-5　创建 SQL Server 登录名

图 10-6　设置"用户映射"

图 10-7　使用"XSCJ_User1"登录名连接服务器

（3）单击"连接"按钮，会出现如图 10-8 所示的对话框。这是因为在创建该登录名时，选择了"用户在下次登录时必须更改密码"选项，如果没有选择该项，则不会出现图 10-8 所示的对话框。

图 10-8　"更改密码"对话框

（4）在该对话框中，为登录名重新设置密码后，单击"确定"按钮，会使用"XSCJ_User1"登录名连接到服务器，并且可以访问"XSCJ"数据库，只不过此时还不能访问到具体的数据，若要访问数据，还需映射到数据库用户上，如图 10-9 所示。

图 10-9　使用"XSCJ_User1"登录成功

（5）登录成功后，"XSCJ_User1"只能访问"XSCJ"数据库，如果使用其他数据库，如"图书管理系统"数据库，就会提示错误信息，如图 10-10 所示。

图 10-10　错误消息

登录名"XSCJ_User1"也可以用下面的命令来创建：

CREATE　LOGIN　XSCJ_User1　WITH　PASSWORD = 'u1_201208'

2．创建 Windows 登录

如果采用 Windows 身份验证登录 SQL Server，那么该登录名必须存在于 Windows 系统的账户数据库中。如果账户数据库中没有该登录名，则需要创建。在创建 Windows 登录名时，必须确认该登录名是映射到单个用户或者 Windows 组或者 Windows 内部组（如 Administrator）。通常是将登录名映射到已创建的 Windows 组。

【例 10-5】 创建一个名为"W_user"的 Windows 登录名，并使其能访问"图书管理系统"数据库。

实施步骤如下：

（1）依次打开"控制面板"→"管理工具"→"计算机管理"窗口，展开"系统工具"→"本地用户和组"节点，定位到"用户"节点，如图 10-11 所示。

图 10-11　"计算机管理"窗口

（2）鼠标右键单击"用户"，选择"新用户"命令，会出现"新用户"的对话框。

（3）在该对话框中，按图 10-12 所示输入用户名、密码等相关信息，并勾选"密码永不过期"选项。

（4）单击"创建"按钮，再单击"关闭"按钮。

（5）在"对象资源管理器"中依次展开"服务器"→"安全性"节点，定位到"登录名"节点。

（6）鼠标右键单击"登录名"节点，选择"新建登录名"命令，会打开"登录名－新建"对话框。

（7）单击"搜索"按钮，会出现如图 10-13 所示的对话框。

图 10-12　创建 Windows 用户　　　　　图 10-13　"选择用户或组"对话框

（8）单击"高级"按钮，会出现如图 10-14 所示的对话框，在该对话框中，单击"立即查找"按钮，从"搜索结果"列表框中选择"W_user"，单击"确定"按钮，返回到图 10-13。

（9）单击图 10-13 中的"确定"按钮后，返回到"登录名－新建"对话框。

（10）在该对话框中，单击"选择页"列表框中的"用户映射"选项，勾选"图书管理系统"数据库，单击"确定"按钮。

提示：如果有 20 人或更多人要访问"XSCJ"数据库，可以为这 20 人创建一个 Windows 组，并将一个 SQL Server 登录映射到这个组上，那么就可以只管理这一个 SQL Server 登录。

图 10-14　选择 W_user 用户

10.4　数据库用户

在本章第 3 节中创建了登录名，并通过身份验证连接到 SQL Server 实例上。虽然如此，该登录账户可能还不具备访问数据库的条件，除非为该登录账户映射了相应的数据库用户，比如：在【例 10-4】为"XSCJ_User1"登录名映射了访问"XSCJ"库的数据库用户 dbo。

数据库用户是数据库级的主体，是登录名在数据库中的映射，是在数据库中执行操作和活动的行动者。在 SQL Server 2008 系统中，数据库用户不能直接拥有表、视图等数据库对象，而是通过架构拥有这些对象。

10.4.1　默认的数据库用户

在 SQL Server 2008 系统中，默认的数据库用户有：dbo 用户、guest 用户和 sys 用户等。

1. dbo 用户

dbo 即数据库所有者是一个特殊类型的数据库用户，具有特殊的权限。一般来说，创建数据库的用户就是数据库的所有者。dbo 被隐式授予对数据库的所有权限，并且能将这些权限授予其他用户。因为 sysadmin 服务器角色的成员被自动映射为特殊用户 dbo，所以以 sysadmin 角色登录能执行 dbo 能执行的任何任务。

在 SQL Server 数据库中创建的对象也有所有者，这些所有者是指数据库对象所有者。通过 sysadmin 服务器角色成员创建的对象自动属于 dbo 用户。通过非 sysadmin 服务器角色成员创建的对象属于创建对象的用户，当其他用户引用它们时必须以用户的名称来限定。例如：如果 LANNI 是 sysadmin 服务器角色成员，并创建了一个名为 scores 的表，则 scores 表属于 dbo，所以用 dbo.scores 来限定，或者简化为 scores。但如果 LANNI 不是 sysadmin 服务器角色成员，创建了一个名为 scores 的表，则 scores 表属于 Lanni，所以用 Lanni.scores 来限定。

2. guest 用户

guest 用户是一个能被管理员添加到数据库的特殊用户。只要具有有效的 SQL Server 登录，任何人都可以访问数据库。以 guest 账户访问数据库的用户被认为是拥有 guest 用户的身份并且继承了 guest 账户的所有权限和许可。例如：如果配置域账户 Lanni 为 guest 账户以访问 SQL Server，那么 Lanni 能使用 guest 登录访问任何数据库，并且当 Lanni 登录后，该用户被授予 guest 账户所有的权限。

在默认情况下，guest 用户存在于 Model 数据库中，并且被授予 guest 账户的权限。由于 Model 是创建所有数据库的模板，所以，所有新的数据库都包括 guest 用户，并且该用户被授予 guest 账户的权限。guest 用户在 Master 和 Tempdb 之外的所有数据库中都可以添加或删除，但不能从 Master 和 Tempdb 数据库中删除。

关于 guest 用户信息的说明如下：

（1）guest 用户是公共服务器角色的一个成员，并且继承这个角色的权限。

（2）在任何人以 guest 身份访问数据库之前，guest 用户必须存在于数据库中。

（3）guest 用户用于当用户账户具有访问 SQL Server 的权限，但是不能通过这个用户账户访问数据库的时候。

3. sys 用户

所有系统对象包含于名为 sys 或 information_schema 的架构中。这是创建在每一个数据库中的两个特殊架构，但是它们仅在 Master 数据库中可见。相关的 sys 和 information 架构的视图提供存储在数据库里所有数据对象的元数据的内部系统视图。这些视图被 sys 和 information_schema 用户所引用。

10.4.2　创建数据库用户

1. 使用对象资源管理器创建数据库用户

【例 10-6】 在"XSCJ"数据库中创建一个名为"WU"数据库用户，将它与"W_User"登录名对应。

实施步骤如下：

（1）在"对象资源管理器"窗口中依次展开"服务器"→"数据库"→"XSCJ"数据库→"安全性"节点，定位到"用户"节点。

（2）鼠标右键单击"用户"节点，选择"新建用户"命令，会打开"数据库用户－新建"对话框。

（3）单击"登录名"框右侧的"选项"按钮 ，会打开如图 10-15 所示的"选择登录名"对话框。

图 10-15 "选择登录名"对话框

（4）在该对话框中，单击"浏览"按钮，会打开如图 10-16 所示的"查找对象"对话框，勾选已创建的 SQL Server 登录名"XSCJ_User1"。

图 10-16 选择登录名

（5）单击"确定"按钮返回到"选择登录名"对话框，再单击"确定"按钮返回到"数据库用户－新建"对话框。

（6）在该对话框中，设置用户名为"WU"，设置默认架构为"dbo"，并设置用户的角色为"db_owner"，如图 10-17 所示。

（7）单击"确定"按钮，完成数据库用户的创建。

（8）刷新"用户"节点，可查看到新建的"WU"数据库用户。

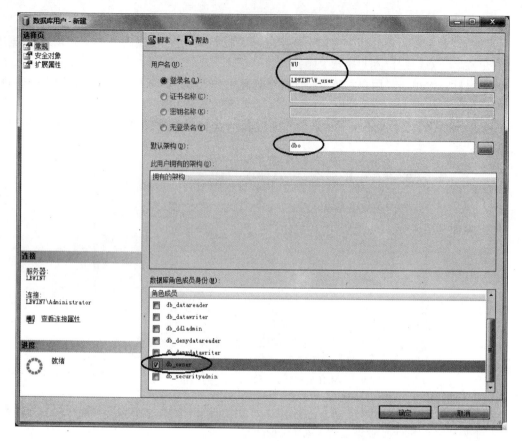

图 10-17　新建数据库用户

2. 使用 T-SQL 语句创建数据库用户

使用 T-SQL 语句创建数据库用户的语法格式如下：

```
CREATE   USER   用户名
[ {   { FOR | FROM }
   {  LOGIN   登录名                    ——指定要创建数据库用户的 SQL Server 登录名
     | CERTIFICATE  证书名             ——指定要创建数据库用户的证书
     | ASYMMETRIC KEY   非对称密码     ——指定要创建数据库用户的非对称密码
     | WITHOUT LOGIN                   ——指定不将用户映射到现有登录名
   } ]
   [ WITH DEFAULT_SCHEMA =架构名 ]     ——指定最先搜索的架构名
```

该命令的选项如下：

（1）用户名：指定在此数据库中用于识别该用户的名称。其长度最多 128 个字符。

（2）LOGIN：指定要创建数据库用户的 SQL Server 登录名。当此 SQL Server 登录名进入数据库时，将获取正在创建的数据库用户的名称和 ID。

（3）CERTIFICATE：指定要创建数据库用户的证书。

（4）ASYMMETRIC　KEY：指定要创建数据库用户的非对称密码。

（5）WITHOUT　LOGIN：指定不应将用户映射到现有登录名。

（6）WITH　DEFAULT_SCHEMA：指定服务器为此数据库用户解析对象名时要最先搜索的架构名。

【例 10-7】 创建一个名为"XSCJ_USER2"的 SQL Server 登录名，并将该登录名添加为"XSCJ"数据库的用户。执行结果如图 10-18 所示。

```
USE    master
GO
CREATE   LOGIN   XSCJ_USER2                          —创建登录名
WITH    PASSWORD = 'u2_201208'                        —设置登录名密码
USE   xscj
CREATE   USER   XSCJ_USER2   FOR   LOGIN   XSCJ_USER2 —将登录名添加为数据库用户
```

图 10-18　使用 T-SQL 创建数据库用户

【课堂练习】 分别创建"XSCJ_USER3"、"XSCJ_USER4"、……、"XSCJ_USER7" 5 个登录名，并将它们添加为"XSCJ"数据库的用户，其数据库用户名分别为"U3"、"U4"、……、"U7"。

3．使用系统存储过程创建数据库用户

使用系统存储过程创建数据库用户的语法格式如下：

```
[exec]   sp_grantdbaccess   {'登录名'} [, '数据库用户名']
```

说明：

（1）该存储过程有两个参数，但只有第一个参数是必须的。

（2）如果省略了数据库用户名，将有一个与登录名相同的用户名被添加到数据库中。

（3）该存储过程只对当前的数据库进行操作。

（4）在创建数据库用户前，要确保登录名已经存在。

【例 10-8】 创建一个名为"XSCJ_USER3"的 SQL Server 登录名，并将该登录名添加为

"XSCJ"数据库的用户，且用户名为"U3"。执行结果如图 10-19 所示。

```
create   login   xscj_user3   with   password='u3_201208'
go
use   xscj
exec   sp_grantdbaccess   'xscj_user3', 'u3'
```

图 10-19　使用存储过程创建数据库用户

10.5　权限管理

通过身份验证登录到 SQL Server，并能访问某些数据库，但并不意味着用户能对数据库进行所有的操作。因为 SQL Server 2008 的权限确定了用户能在 SQL Server 或数据库中执行的操作，并根据登录 ID、组成员关系和角色成员关系来给用户授予相应的权限。

10.5.1　权限类型

在 SQL Server 2008 中，按照不同的方式可以把权限分成不同的类型。比如：预定义权限和自定义权限、针对所有对象的权限和针对特殊对象的权限。

所谓预定义权限是指在安装完成 SQL Server 2008 后，不必授权就拥有的权限。比如：预定义服务器角色和数据库角色就属于预定义权限。自定义权限是指那些需要经过授权或继承才能得到的权限。大多数的安全主体都需要经过授权才能获得对安全对象的使用权限。

所谓针对所有对象的权限是指某些权限对所有 SQL Server 2008 中的对象起作用。比如：CONTROL 权限是所有对象都具有的权限。所谓针对特殊对象的权限是指某些权限只能在指定的对象上起作用。比如：DELETE 只能用作表的权限，不可以是存储过程的权限；而 EXECUTE 只能用作存储过程的权限，不能作为表的权限等。

最常用的是把权限分成对象权限、语句权限和隐式权限三类，下面分别介绍这三类权限。

1. 对象权限

在 SQL Server 2008 中，所有对象权限都是可以授予的。数据库用户可以为特定的对象、特定类型的所有对象和所有属于特定架构的对象管理权限。用户可以管理权限的对象依赖于对象的作用范围。在服务器级别上，用户可以为服务器、站点、登录和服务器角色授予对象权限，也可以为当前的服务器实例管理权限。在数据库级别上，用户可以为应用程序角色、程序集、非对称密码、凭据、数据库角色、数据库、全文目录、函数、架构、存储过程、表、视图和用户等管理权限。

对某对象的访问可以通过授予、拒绝或撤销操作来控制。例如：对"XSQK"表，可以授予 U1 用户选择信息（SELECT）的权限，但拒绝该用户在表中进行插入（INSERT）、更新（UPDATE）或删除（DELETE）信息的权限。表 10-1 中列出了 SQL Server 2008 中部分安全对象的常用权限。

表 10-1　对象权限

安全对象	常 用 权 限
数据库	CREATE DATABASE、CREATE DEFAULT、CREATE FUNCTION、CREATE PROCEDURE、CREATE VIEW、CREATE TABLE、CREATE RULE、BACKUP DATABASE、BACKUP LOG
表	SELECT、DELETE、INSERT、UPDATE、REFERENCES
表值函数	SELECT、DELETE、INSERT、UPDATE、REFERENCES
视图	SELECT、DELETE、INSERT、UPDATE、REFERENCES
存储过程	EXECUTE、SYNONYM
标量函数	EXECUTE、REFERENCES

2. 语句权限

语句权限是用于控制创建数据库或数据库中的对象所涉及的权限。例如，如果用户要在数据库中创建表，则应该向该用户授予 CREATE TABLE 语句权限。某些语句权限（如 CREATE DATABASE）适用于语句自身，而不适用于数据库中定义的特定对象。只有 sysadmin、db_owner 和 db_securityadmin 角色的成员才能够授予用户语句权限。表 10-2 中列出了 SQL Server 2008 中可以授予、拒绝或撤销的语句权限。

表 10-2　语句权限

语 句 权 限	描　　述
CREATE　DATABASE	确定登录是否能创建数据库，要求用户必须在 Master 数据库中或者是 sysadmin 服务器角色的成员
CREATE　TABLE	确定用户是否具有创建表的权限
CREATE　VIEW	确定用户是否具有创建视图的权限
CREATE　DEFAULT	确定用户是否具有创建表的列默认值的权限
CREATE　RULE	确定用户是否具有创建表的列规则的权限
CREATE　FUNCTION	确定用户是否具有在数据库中创建用户自定义函数的权限
CREATE　PROCEDURE	确定用户是否具有创建存储过程的权限
BACKUP　DATABASE	确定用户是否具有备份数据库的权限
BACKUP　LOG	确定用户是否具有备份事务日志的权限

3．隐式权限

只有预定义系统角色的成员或数据库和数据库对象所有者具有隐式权限。所有角色的隐式权限不能被更改，而且可以让角色成员具有相关的隐式权限。例如：sysadmin 服务器角色的成员能在 SQL Server 2008 中执行任何活动，如扩展数据库、终止进程等。任何添加到 sysadmin 角色的账户都能执行这些任务。

数据库和数据库对象所有者也有隐式的权限。这些权限包括操作数据库或者拥有数据库对象或者二者兼有。例如：拥有表的用户可以查看、增加、更改和删除数据，该用户还可具有修改表的定义和控制表的权限。

10.5.2　操作权限

在 SQL Server 2008 中，用户和角色的权限以记录的形式存储在各个数据库的 sysprotects 系统表中。权限有授予、拒绝、撤销三种状态。

（1）授予权限（GRANT）：授予权限以执行相关的操作。如果是角色，则所有该角色的成员继承此权限。

（2）撤销权限（REVOKE）：撤销授予的权限，但不会显示阻止用户或角色执行操作。用户或角色仍然能继承其他角色的 GRANT 权限。

（3）拒绝权限（DENY）：显式拒绝执行操作的权限，并阻止用户或角色继承权限，它优先于其他权限。

可以在数据库级别或对象级别授予、拒绝和撤销权限，也可以使用数据库角色分配权限。

10.6　角色管理

SQL Server 2008 使用角色来集中管理数据库或服务器的权限。角色用于为用户组分配权限。数据库管理员将操作数据库的权限赋予角色。然后，数据库管理员再将角色赋给数据库用户或者登录账户，从而使数据库用户或者登录账户拥有了相应的权限。

角色有两种类型：服务器角色和数据库角色。

10.6.1　服务器角色

服务器角色具有授予服务器管理的能力。如果用户创建了一个角色成员的登录，用户用这个登录能执行这个角色许可的任何任务。例如：sysadmin 角色的成员在 SQL Server 2008 上有最高级别的权限，并且能执行任何类型的任务。

服务器角色应用于服务器级别，其权限影响整个服务器，且不能更改权限集。服务器角色是预先定义的，不能被添加、修改或删除，所以，服务器角色又称为"预定义服务器角色"或"固定服务器角色"。

1．服务器角色的级别

服务器角色有八个级别，下面按照从最高级别的角色到最低级别的角色的顺序进行介绍。

（1）sysadmin：为需要完全控制整个 SQL Server 和安装数据库的用户而设计。其成员能在 SQL Server 系统中执行任何任务。

（2）setupadmin：为需要管理链接服务器和控制启动过程的用户而设计。其成员可以添加用户到 setupadmin，能添加、删除或配置链接的服务器，并能控制启动过程。

（3）serveradmin：为需要设置服务器范围配置选项和关闭服务器的用户而设计。其成员可以添加用户到 serveradmin，并能执行以下任务：

① 运行 dbccpintable 命令（从而使表常驻于主内部存储器中）；

② 运行系统过程 sp_configure（以显示或更改系统选项）；

③ 运行 reconfigure 选项（以更新系统过程 sp_configure 所做的所有改动）；

④ 使用 shutdown 命令关闭数据库服务器；

⑤ 运行系统过程 sp_tableoption，为用户自定义表设置选项的值。

（4）securityadmin：为需要管理登录、创建数据库权限和读取错误日志的用户而设计。其成员可以添加用户到 securityadmin，授予、拒绝和撤销服务器级别和数据库级别的权限，重置密码和读取错误日志，而且还能运行如下的系统存储过程：sp_addlinkedsrvlogin、sp_addlogin、sp_defaultdb、sp_defaultlanguage、sp_denylogin、sp_droplinkedsrvlogin、sp_droplogin、sp_grantlogin、sp_helplogins、sp_remoteoption 和 sp_revokelogin。

（5）processadmin：为需要控制 SQL Server 进程的用户而设计。其成员可以添加用户到 processadmin，并能执行 KILL 命令来终止进程。

（6）diskadmin：为需要管理磁盘文件的用户而设计。其成员能添加用户到 diskadmin，并能运行如下系统过程：sp_addumpdevice 和 sp_dropdevice；执行 disk init 语句。

（7）dbcreator：为需要创建、修改、删除和还原数据的用户而设计。其成员能添加用户到 dbcreator，并能执行 create database、alter database、drop database、extend database、restore database、restore log；运行系统存储过程 sp_renamedb。

（8）bulkadmin：为需要执行大容量插入到数据库的域账户而设计。其成员可以添加用户到 bulkadmin，并能执行 bulk insert 语句。

提示：sa 账号是系统管理员的登录账号。sa 账号永远是固定服务器角色 syadmin 中的成员，并且不能从该角色中删除。只有固定服务器角色的成员才能执行系统存储过程，从角色中添加或删除登录账户。

【**例 10-9**】 使用系统存储过程查看所有固定服务器角色的信息。执行结果如图 10-20 所示。

    sp_helpsrvrole

图 10-20　查看固定服务器角色

2．为登录分配角色

【**例 10-10**】 为【例 10-5】中创建的"W_user"登录名分配 sysadmin 服务器角色。

实施步骤如下：

（1）在"对象资源管理器"窗口依次展开"服务器"→"安全性"→"服务器角色"节点，定位到"sysadmin"节点。

（2）双击"sysadmin"节点，会打开如图 10-21 所示的"服务器角色属性"对话框。

（3）在该对话框中，单击"添加"按钮，会打开如图 10-22 所示的"选择登录名"对话框。

图 10-21 "服务器角色属性"对话框

（4）在该对话框中，单击"浏览"按钮，会打开如图 10-23 所示的"查找对象"对话框。

图 10-22 "选择登录名"对话框

图 10-23 "查找对象"对话框

（5）在该对话框中，选择"W_user"登录名→单击"确定"按钮返回到图 10-22 所示的对话框→单击"确定"按钮返回到"服务器角色属性"对话框，在"角色成员"列表中可以看到已添加的"W_user"登录名，如图 10-24 所示。

（6）单击"确定"按钮。

3. 为多个登录分配同一个角色

【例 10-11】 假设新增加了五个管理员，主要负责数据库的创建、修改、删除等工作，并且已为他们创建了五个登录名："XSCJ_user1"、"XSCJ_user2"、"XSCJ_user3"、"XSCJ_user4"、"XSCJ_user5"，现在，请给他们分配 dbcreator 服务器角色。

实施步骤如下：

图 10-24　在 sysadmin 服务器角色中添加成员

（1）在"对象资源管理器"窗口依次展开"服务器"→"安全性"→"服务器角色"节点，定位到"dbcreator"节点。

（2）双击"dbcreator"节点，会打开"服务器角色属性"对话框。

（3）在该对话框中，单击"添加"按钮，会打开"选择登录名"对话框。

（4）在"输入要选择的对象名称"文本框中输入"XS"，单击"检查名称"按钮，会打开"找到多个对象"对话框，在其中勾选需要的对象，如图 10-25 所示。

图 10-25　"选择登录名"对话框

（5）依次单击三次"确定"按钮即可完成角色的分配。

提示：在本例中，由于五个登录名中有相同的字符串，所以在选择登录名时，可以只输入部分名称，然后通过"检查名称"按钮来查找部分匹配的对象名称，并从中进行选择。

10.6.2　数据库角色

如果需要在数据库级别上分配角色，则可以使用数据库角色。SQL Server 2008 在每一个数据库中都预定义了数据库角色，也就是说每一个数据库都有一组自己的角色。

在 SQL Server 2008 中，有三种类型的数据库角色：预定义（固定）的数据库角色、用户定义的标准角色和用户定义的应用程序角色，下面分别介绍。

1．固定数据库角色

SQL Server 2008 提供了预定义的数据库角色，它们有不能被更改的权限。在数据库中，每个固定数据库角色都有其特定的权限，这就意味着对于某个数据库来说，固定数据库角色的成员的权限是有限的。

在数据库创建时，系统默认创建了十个固定数据库角色，它们的权限如下：

（1）db_owner：用于需要完全控制数据库的所有方面的用户。其成员可以进行如下的操作：

① 向其他固定数据库角色中添加成员，或从其中删除成员；

② 运行所有的 DDL 语句；

③ 运行 BACKUP DATABASE 和 BACKUP LOG 语句；

④ 使用 CHECKPOINT 语句显式地启动检查点进程；

⑤ 运行下列 dbcc 命令：dbcc checkalloc、dbcc checkcatalog、dbcc checkdb 和 dbcc updateusage；

⑥ 授予、取消或剥夺每一个数据库对象上的下列权限：SELECT、INSERT、UPDATE、DELETE 和 REFERENCES；

⑦ 使用下列系统过程向数据库中添加用户或角色：sp_addapprole、sp_addrole、sp_addrolemember、sp_approlepassword、sp_changeobjectowner、sp_dropapprole、sp_droprole、sp_droprolemember、sp_dropuser 和 sp_grantdbaccess；

⑧ 使用系统存储过程 sp_rename 为任何数据库对象重新命名。

（2）db_accessadmin：用于需在数据库中添加或删除登录的用户。其成员可以进行如下的操作：

① 可执行系统存储过程：sp_addalias、sp_dropalias、sp_dropuser、sp_grantdbacess 和 sp_revokedbaccess；

② 为 Windows 用户账户、Windows 组和 SQL Server 登录添加或删除访问。

（3）dbdatareader：用于需要在数据库中查看数据的用户。其成员对数据库中的表或视图具有 SELECT 权限。但这些成员不能把这个权限授予其他任何用户或角色。

（4）dbdatawriter：用于需要对数据库中任意用户表添加或修改数据的用户。其成员对数据库中的任意对象具有 INSERT、UPDATE 和 DELETE 权限。但这些成员不能把这个权限授予其他任何用户或角色。

（5）db_ddladmin：用于需要执行与 SQL Server 的数据定义语言（DDL）相关的任务的用户。其成员可以进行如下的操作：

① 运行所有 DDL 语句；

② 在任何表上授予 REFERENCESE 权限；

③ 使用系统存储过程 sp_procoption 和 sp_recompile 来修改任何存储过程的结构；

④ 使用系统存储过程 sp_rename 为任何数据库对象重命名；

⑤ 使用系统存储过程 sp_tableoption 和 sp_changeobjectowner 分别修改表的选项和任何数据库对象的拥有者。

（6）db_securityadmin：用于需要管理权限、对象所有权和角色的用户。其成员可以进行如下的操作：

① 可执行与安全有关的所有 Transact-SQL 语句（GRANT、DENY 和 REVOKE）；

② 可执行系统存储过程：sp_addapprole、sp_addrole、sp_addrolemember、sp_approlepassword、sp_changeobjectowner、sp_dropapprole、sp_droprole 和 sp_droprolemember。

（7）db_backupoperator：用于需要备份数据库的用户。其成员可以进行如下操作：

① 运行 BACKUP DATABASE 和 BACKUP LOG 语句；

② 用 CHECKPOINT 语句显式地启动检查点进程；

③ 运行如下 dbcc 命令：dbcc checkalloc、dbcc checkcatalog、dbcc checkdb 和 dbcc updateusage。

（8）db_denydatareader：用于通过登录限制访问数据库中的数据。其成员不能读取数据库中的用户表的任何数据。如果数据库中含有敏感数据并且其他用户不能读取这些数据，那么就可以使用这个角色。

（9）db_denydatawriter：用于通过登录限制对数据库的修改权限。其成员对数据库中的任何数据库对象（表或视图）没有 INSERT、UPDATE 和 DELETE 权限。

（10）public：所有数据库用户的默认角色。这样就提供了一种机制，即给予那些没有适当权限的所有用户以一定的（通常是有限的）权限。public 角色为数据库中的所有用户都保留了默认的权限，因此是不能被删除的。一般情况下，public 角色允许用户进行如下的操作：

① 使用某些系统过程查看并显示 Master 数据库中的信息；

② 执行一些不需要某些权限的语句（例如 PRINT）。

【例 10-12】 使用系统存储过程查看所有数据库角色的权限。执行结果如图 10-26 所示。

```
sp_dbfixedrolepermission
```

【例 10-13】 使用系统存储过程查看固定数据库角色。执行结果如图 10-26 所示。

```
sp_helpdbfixedrole
```

【例 10-14】 使用对象资源管理器为已创建的"XSCJ_USER3"登录名分配访问权限和角色。要求：① 分配访问"Master"、"Msdb"数据库的权限（使用默认的"public"数据库角色）；② 分配访问"XSCJ"数据库的权限和"dbdatareader"、"dbdatawriter"数据库角色。

实施步骤如下：

（1）在"对象资源管理器"窗口依次展开"服务器"→"安全性"→"登录名"节点，定位到"XSCJ_USER3"节点。

（2）双击"XSCJ_USER3"节点，会打开"登录属性"对话框→单击"用户映射"选项，按图 10-28 所示勾选要访问的数据库和要分配的数据库角色。

图 10-26 查看数据库角色的权限

图 10-27 查看固定数据库角色

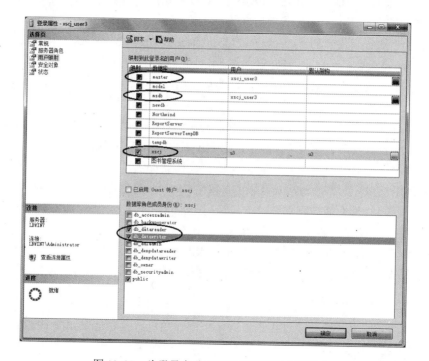

图 10-28 为登录名分配访问权限和数据库角色

（3）单击"确定"按钮。

【例 10-15】使用资源管理器为多个登录分配角色。已知"XSCJ_USER4"和"XSCJ_USER5"登录名在"XSCJ"库中的用户名分别为"U4"、"U5"。要求：为"U4"和"U5"两个数据库用户分配"db_owner"数据库角色。

实施步骤如下：

（1）在"对象资源管理器"窗口依次展开"服务器"→"数据库"→"XSCJ"→"安全性"→"角色"→"数据库角色"节点，定位到"db_owner"节点。

（2）双击"db_owner"节点，会打开"数据库角色属性"对话框。

（3）单击"添加"按钮，会打开"选择数据库用户或角色"对话框，然后单击"浏览"按钮打开"查找对象"对话框，选择数据库用户"U4"、"U5"，如图10-29所示。

图10-29 添加数据库用户

（4）依次单击两次"确定"按钮返回到"数据库角色属性"对话框，在该对话框中可以看到当前角色拥有的架构以及该角色所有的成员，其中包括刚添加的数据库用户"U4"、"U5"，如图10-30所示。

图10-30 "数据库角色属性"窗口

（5）单击"确定"按钮完成数据库角色的分配。

2．用户自定义的标准角色

由于固定数据库角色有一组不能更改的权限，有时可能不能满足人们的需要，所以，可以对特定数据库创建的角色设置权限。如果一个数据库有三种不同类型的用户：第一类是需要查看数据的用户；第二类是需要修改数据的经理；第三类是需要修改数据库对象的开发人员。那么，可以创建三个自定义角色分别指派给这三类用户。

【例 10-16】 在"XSCJ"数据库中，创建名为"U_role"的自定义角色，并指派给"U6"和"U7"数据库用户。要求该角色只能查看"XSQK"表，并拒绝查看"联系电话"和"总学分"两列的信息。

实施步骤如下：

（1）在"对象资源管理器"窗口依次展开"服务器"→"数据库"→"XSCJ"→"安全性"→"角色"，定位到"数据库角色"节点。

（2）鼠标右键单击"数据库角色"节点，选择"新建数据库角色"命令，会打开如图 10-31 所示的对话框。

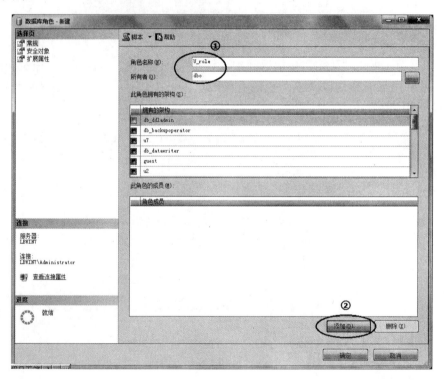

图 10-31 "数据库角色-新建"窗口

（3）在该对话框中，设置角色名称为"U_role"，所有者为"dbo"。单击"添加"按钮，选择数据库用户"U6"、"U7"。

（4）单击"选择页"列表框中的"安全对象"选项→单击"搜索"按钮，将"XSQK"表添加为"安全对象"→勾选"选择"权限右侧的"授予"复选框，如图 10-32 所示。

（5）单击"列权限"按钮，为该数据库角色配置表中每一列的具体权限，如图 10-33 所示。

（6）依次单击两次"确定"按钮完成自定义标准角色的创建。

【例 10-17】 测试用户自定义的标准角色"U_role"。

实施步骤如下：

（1）承接上例。关闭"SQL Server Management Studio"窗口，使用"XSCJ_user6"登录

名（这是 U6 对应的登录名）重新登录 SQL Server 2008 服务器。

图 10-32　为自定义角色分配权限

图 10-33　分配列权限

　　（2）在"对象资源管理器"窗口依次展开"服务器"→"数据库"→"XSCJ"→"表"节点，可以看到"表"节点中只显示了"XSQK"表，因为该账户只拥有查看"XSQK"表的权限。

　　（3）在"新建查询"窗口中，输入"use xscj"和"select * from xsqk"语句并执行，会出现错误，这是因为：在"XSQK"表的'联系电话'和'总学分'列上设置了"拒绝"查看的

"列权限"，如图 10-34 所示。

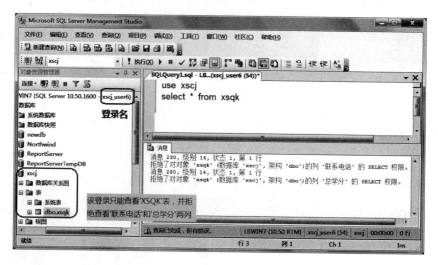

图 10-34　验证用户自定义角色的权限

提示：在创建标准数据库角色时，先给该角色指派权限，然后再将该角色分配给用户，这样，用户将继承给这个角色指派的任何权限。这点与固定数据库角色不同，因为在固定数据库角色中不需要指派权限，只需要添加用户。

3. 应用程序角色

应用程序角色是一个数据库主体，它使应用程序能够用其自身的、类似用户的特权来运行。应用程序角色只允许通过特定应用程序连接的用户访问特定的数据。与数据库角色不同的是，应用程序角色默认情况下不包含任何成员，而且是非活动的。应用程序角色使用两种身份验证模式，可以使用 sp_setapprole 来激活，并且需要密码。

因为应用程序角色是数据库级别的主体，所以他们只能通过其他数据库中授予 guest 用户账户的权限来访问这些数据库。因此，任何已禁用 guest 用户账户的数据库对其他数据库中的应用程序角色都不可访问。

应用程序角色的创建过程与数据库角色的创建过程类似，这里不再赘述。

应用程序角色和固定数据库角色的区别如下：

（1）应用程序角色不包含任何成员。不能将 Windows 组、用户和角色添加到应用程序角色。

（2）当应用程序角色被激活以后，这次服务器连接将暂时失去所有应用于登录账户、数据库用户等的权限，而只拥有与应用程序相关的权限。在断开本次连接以后，应用程序失去作用。

（3）默认情况下，应用程序角色是非活动的，需要密码激活。

（4）应用程序角色不使用标准权限。

【课后习题】

一、填空题

1. SQL Server 2008 的两种身份验证模式是＿＿＿＿＿＿＿和＿＿＿＿＿＿＿。

2．在 SQL Server 2008 的安装过程中，内置的 SQL Server 登录名是＿＿＿＿＿＿。

3．数据库用户是＿＿＿＿＿的主体，是登录名在＿＿＿＿＿＿中的映射。

4．在 SQL Server 2008 系统中，默认的数据库用户有：＿＿＿＿、＿＿＿＿和＿＿＿＿等。

5．SQL Server 2008 的角色分为＿＿＿＿＿和＿＿＿＿＿两类。

6．在 SQL Server 2008 中，由于服务器角色的权限集是不能更改的，所以服务器角色又称为＿＿＿＿。

7．服务器角色有＿＿＿＿个级别，其中，级别最高的服务器角色是＿＿＿＿＿。

8．在 SQL Server 2008 中，数据库角色有三种：＿＿＿＿、＿＿＿＿和＿＿＿＿。

9．SQL Server 2008 的权限分为：＿＿＿＿、＿＿＿＿＿和＿＿＿＿＿。

10．授予、撤销、拒绝权限的命令关键字分别是＿＿＿＿、＿＿＿＿和＿＿＿＿。

二、简答题：

1．如果有一个名为"Win_user"的登录名，要使该登录名能执行 SQL Server 的任何操作，请问需要将该登录名添加到哪个服务器角色中？

2．如果有一个名为"ST_su"的数据库用户，要使该用户能执行所有数据库任何操作，请问需要将该用户添加到哪个数据库角色中？

【课外实践】

任务 1：创建登录名。

要求：分别创建一个 windows 登录名"Win_user"和一个 SQL Server 登录名"Sql_user"。

任务 2：创建数据库用户。

要求：创建两个数据库用户"ST_wu"和"ST_su"，将它们分别与"Win_user"和"Sql_user"登录名对应。

任务 3：分配服务器角色。

要求：为"Win_user"登录名分配 sysadmin 服务器角色。

任务 4：分配数据库角色。

要求：为"ST_su"用户分配访问"XSCJ"数据库的权限和"db_owner"数据库角色。

任务 5：权限设置。

要求：修改"ST_su"用户的权限，使其只能对"XSCJ"中的"KC"表进行 select 操作。

第11章 SQL Server 2008 开发工具

【学习目标】
- 理解 SQL Server Business Intelligence Development Studio 工具的作用
- 了解 SQL Server 2008 报表服务
- 了解 SQL Server 分析服务
- 了解 SQL Server 集成服务
- 了解 SQL Server 代理服务

11.1 SQL Server Business Intelligence Development Studio 环境

Business Intelligence Development Studio 是用于开发商业解决方案的主要环境，其中包括 Analysis Services、Integration Services 和 Reporting Services 项目。每个项目类型都提供了用于创建商业智能解决方案所需对象的模板，并提供了用于处理这些对象的各种设计器、工具和向导。

首次使用 Business Intelligence Development Studio 时，将在 Business Intelligence Development Studio 用户界面的中央出现起始页。该页显示以下内容：最近更新的项目列表；帮助主题、网站、技术文章和其他资源；来自 Microsoft 的产品和事件信息的链接，如图 11-1 所示。

图 11-1 Business Intelligence Development Studio 启动界面

若要在启动时显示起始页以外的页面，则可单击"工具"菜单中的"选项"，展开"环境"

节点，再在"启动时"列表中选择要显示的项。

若要了解有关起始页的详细信息，则在起始页内单击，然后按 F1。如果起始页已经关闭，则单击"视图"菜单中的"起始页"。

Business Intelligence Development Studio 包括解决方案资源管理器、属性、工具箱、设计器以下四个主窗口。

1．解决方案资源管理器

在解决方案资源管理器窗口中可以管理某个解决方案中所有不同的项目。解决方案资源管理器视图将解决方案显示为一个或多个项目的逻辑容器，并包含与这些项目相关联的所有项。用户可以直接从该视图打开项目项进行修改及执行其他管理任务。由于不同项目内容的存储方式各不相同，所以解决方案资源管理器中的文件夹结构并不是解决方案内所列内容的实际物理存储。

在解决方案资源管理器中，可以创建空解决方案，然后将新的或现有的项目添加到解决方案中。如果没有先创建解决方案就创建了新项目，则 Business Intelligence Development Studio 会自动创建解决方案。解决方案中包含项目时，树视图将包括特定于项目的对象的节点。例如，Analysis Services 项目包括一个"维度"节点，Integration Services 项目包括一个"包"节点，报表模型项目包括一个"报表"节点等。

需要打开解决方案资源管理器窗口时，单击"视图"菜单中的"解决方案资源管理器"。

2．属性窗口

属性窗口列出对象的属性。使用该窗口可查看和更改在编辑器和设计器中打开的对象（如包）的属性。用户可以使用属性窗口编辑和查看文件、项目和解决方案的各种属性。

属性窗口的字段中嵌入了不同类型的控件的各种属性，单击某个控件即可打开对应的各种属性信息。灰显的属性为只读属性。

若要访问属性窗口，则单击"视图"菜单中的"属性窗口"。

3．工具箱窗口

工具箱显示可在商业智能项目中使用的各种控件。当前使用的设计器或编辑器不同，工具箱中的选项卡和项也会有所变化。

工具箱窗口始终显示"常规"选项卡，还可能显示如"控制流项"、"维护任务"、"数据流源"或"报表项"等选项卡。有些设计器和编辑器不使用工具箱中的项。在此情况下，工具箱仅包含"常规"选项卡。

若要访问工具箱，则单击"视图"菜单中的"工具箱"。

4．设计器窗口

设计器窗口是在其中创建或修改商业智能对象的工具窗口。设计器提供对象的代码视图和设计视图。打开项目中的某个对象时，该对象在此窗口的专用设计器中打开。例如，如果打开任意商业智能对象中的一个数据源视图，则设计器窗口将使用数据源视图设计器来打开。

只有在解决方案中添加了某个项目并打开该项目中的某个对象后，设计器窗口才可用。

11.2 SQL Server 2008 报表服务

报表服务是 SQL Server 为了解决常见的数据报表需求而提供的服务功能。在数据库的实际应用中，打印报表是一个常用而又烦琐的工作，报表服务很好地解决了这个问题。

SQL Server Reporting Services 提供了各种现成可用的工具和服务，帮助用户创建、部署和管理报表，并提供了扩展和自定义报表功能的编程功能。Reporting Services 包含一整套可用于创建、管理和传送报表的工具。

报表服务在使用中有几个必要的操作步骤。由于 SQL Server 2008 中为报表服务提供了非常强大的功能向导，所以使得报表服务的创建、发布操作非常简单。

下面通过简单示例讲解报表服务的用法。

1. 创建报表服务器项目

在制作报表之前，要先创建一个报表服务器项目，在其中可以存放若干报表供用户调用。

【例 11-1】 创建一个名为 "XSCJ 报表项目" 的报表项目。

实施步骤如下：

（1）单击 "开始" → "所有程序" → "Microsoft SQL Server 2008" → "Business Intelligence Development Studio" 命令，启动商业智能开发环境。

（2）单击 "文件" → "新建" → "项目" 命令，会弹出 "新建项目" 对话框。

（3）在对话框的 "项目类型" 列表中选择 "商业智能项目" 选项，在 "模板" 列表中选择 "报表服务器项目向导" 选项，在 "名称" 文本框中输入 "XSCJ 报表项目"，如图 11-2 所示。

图 11-2　新建报表项目

（4）单击 "确定" 按钮后，系统将弹出 "报表向导" 对话框。

（5）单击对话框中的 "下一步" 按钮，将进入创建数据源的操作，如图 11-3 所示。

2. 设置数据源

数据源是编程开发时经常用到的一个术语，意思是提供一个连接方式，使开发工具能连接存储数据的数据库系统。数据源从本质上讲就是对从中获取数据位置的连接的定义，它可以是与一个 SQL Server 数据源的连接，也可以是与任意 OLE DB 或 ODBC 数据源的连接。

图 11-3　选择数据源

数据源是 Reporting Services 中最为重要的内容。无论建立的报表是何种类型，也无论报表是使用报表模型器还是报表项目，它都以某种方式发挥着作用。数据源有两种类型：嵌入式和共享式。

【例 11-2】　将"XSCJ"数据库设置为数据源。

实施步骤如下：

（1）在如图 11-2 所示的选择数据源窗口中，输入"数据源"名称，选择数据源类型为"Microsoft SQL Server"，单击"编辑"按钮后，会弹出"连接属性"对话框。

（2）在该对话框中，选择服务器名、登录到服务器的身份验证和要连接的数据库，如图 11-4 所示。

（3）单击"确定"按钮，返回图 11-3 所示的对话框。

3. 设计报表

创建报表的操作实质上是创建了一个报表视图，其创建过程与创建视图类似。但是在后续的报表设计中就出现了区别，因为要体现出报表的灵活

图 11-4　设置连接属性

性，所以向导给出了很多格式与布局上的内容选项。数据源视图和数据源虽然名称相似，但是在将数据安排进入报表的体系结构中，它们各自服务的层次略有不同。

【例 11-3】 详细设计报表。

实施步骤如下：

（1）单击图 11-3 中的"下一步"按钮，进入"设计查询"对话框，输入所需数据的查询语句或使用查询生成器创建查询语句，如图 11-5 所示。

图 11-5 "设计查询"对话框

（2）单击"下一步"按钮，选择报表类型"表格"后，再单击"下一步"按钮，会出现"设计表"对话框。

（3）在该对话框中，选择页、组、详细信息字段，如图 11-6 所示。

图 11-6 "设计表"对话框

（4）依次单击"下一步"按钮，可选择表布局、表样式、部署位置、输入报表名称等。

（5）最后，单击"完成"按钮即可完成报表设计。

（6）在"设计器窗口"中单击"预览"选项卡可预览报表，如图 11-7 所示。

图 11-7　生成的 xsqk 报表示例

4．部署报表

报表设计完成后，需要对报表进行部署。

【例 11-4】　部署"XSCJ 报表项目"。

实施步骤如下：

（1）承上例，单击"项目"菜单中的"报表项目 XSCJ 属性"命令，弹出如图 11-8 所示的对话框。

图 11-8　"属性页"对话框

（2）在 TargetReportFolder 字段中，设置登录到报表管理器时驻留报表的文件夹。在 TargetServerURL 字段中，输入报表服务器的 URL，比如 http://localhost/ReportServer。

完成后单击"确定"按钮。

（3）单击"生成"菜单中的"部署项目"命令进行部署，部署完成之后，显示如图 11-9 所示输出信息。

图 11-9　输出信息

5．自定义报表信息

如果需要修改报表的布局、字体等细节，则可以在 Business Intelligence Development Studio 中完成。

【例 11-5】　自定义"XSCJ 报表"的信息。

实施步骤如下：

（1）启动 Business Intelligence Development Studio，单击菜单"文件"→"打开"→"项目/解决方案"命令，会弹出如图 11-10 所示的对话框。

图 11-10　"打开项目"对话框

（2）单击"打开"按钮，在"解决方案资源管理器"窗口中，双击"xsqk报表"节点。

（3）在"设计器窗口"中，单击"设计"选项卡，打开设计视图，如图11-11所示。

图11-11　设计报表

（4）如果要修改数据区的"出生日期"，则可用鼠标右键单击"出生日期"文本框，选择"文本框属性"命令，弹出如图11-12所示的对话框。

图11-12　设置"出生日期"文本框的属性

（5）在左侧列表中选择"数字"，在"类别"列表中选择"日期"，在"类型"列表中选择需要的日期数据格式，单击"确定"按钮，即可完成日期数据的格式修改，如图11-13所示。

（6）如果还要设置文本框的字体、字号、边框、对齐方式等属性，其方法类似，这里不再赘述。

图 11-13 设置文本框属性

说明：除了对文本框进行设置外，对报表的设置也很丰富。在报表的空白区域右键单击，在弹出的快捷菜单中可以对报表的页眉、页脚、报表纸张等属性进行设置。

11.3 SQL Server 2008 Analysis Services

现代信息技术的发展导致系统中存储的数据量以爆炸式增长，这就需要更大、更快的分析解决方案能够快速、有效地被创建和开发出来以提供工作支持，数据库分析解决方案正在迅速成为许多企业的关键任务。

Microsoft SQL Server 2008 Analysis Services 的设计目的是要提供出色的性能和巨大的规模，以支持带有数百万条记录和数千名用户的应用程序。创新的合并工具有助于提高开发人员的工作效率，并能带来更优的设计和更快的实施速度。

限于篇幅，本节仅简述在 SQL Server Business Intelligence Development Studio 中创建 Analysis Services 解决方案的操作步骤。

【例 11-6】 创建 Analysis Services 项目。

实施步骤如下：

（1）单击"开始"→"所有程序"→"Microsoft SQL Server 2008 R2"→"Business Intelligence Development Studio"命令，启动商业智能开发环境。

（2）单击"文件"→"新建"→"项目"命令，会弹出"新建项目"对话框。

（3）在对话框的"项目类型"列表中选择"商业智能项目"选项，在"模板"列表中选择"Analysis Services 项目"选项，在"名称"框中输入"Analysis Services Tutorial"，如

图 11-14 所示。

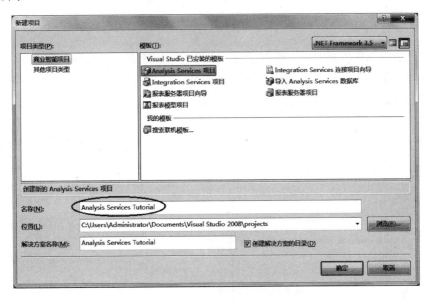

图 11-14　创建 Analysis Services 项目

（4）单击"确定"按钮。

【例 11-7】　定义分析服务的数据源。

实施步骤如下：

（1）在"解决方案资源管理器"中，用鼠标右键单击"数据源"节点，选择"新建数据源"命令，弹出如图 11-15 所示的对话框。

图 11-15　创建数据源向导

（2）单击"下一步"按钮，可打开"选择如何定义连接"页，在该页上，选择"基于现有连接或新连接创建数据源"，单击"新建"按钮，在弹出的"连接管理器"对话框中，为数据源定义连接属性。

（3）在"提供程序"列表中，确保已选中"本机 OLE DB\SQL Server Native Client 10.0"。

（4）在"服务器名称"文本框中，键入"localhost"。本例选择的是本地计算机上的命名实例"LBWIN7"。如果要连接到特定的计算机而不是本地计算机，则输入该计算机名称或 IP地址。

（5）选中"使用 Windows 身份验证"，在"选择或输入一个数据库名"列表中，选择"xscj"，如图 11-16 所示。

图 11-16　配置连接属性

（6）单击"测试连接"按钮以测试与数据库的连接。

（7）连接测试成功后，单击"确定"按钮，返回如图 11-17 所示的对话框。

（8）单击"完成"按钮，弹出"完成向导"对话框，输入数据源名称后，再单击"完成"按钮即可完成新数据源的创建。

【例 11-8】 定义数据源视图。

实施步骤如下：

（1）在"解决方案资源管理器"中，用鼠标右键单击"数据源视图"节点，选择"新建数据源视图"命令，弹出"欢迎使用数据源视图向导"对话框。

（2）在该对话框中，单击"下一步"按钮，将弹出"选择数据源"对话框。

（3）在该对话框中，选择"关系数据源"列表中的"xscj",单击"下一步"按钮，弹出"选择表和视图"的对话框。

图 11-17 定义连接

（4）单击 ">" 符号，将选中的表添加到 "包含的对象" 列表中，如图 11-18 所示。

图 11-18 "选择表和视图" 对话框

（5）单击"下一步"按钮，弹出"完成向导"对话框。

（6）在该对话框的"名称"文本框中，输入数据源视图名称，然后单击"完成"按钮即可创建新数据源视图。

此时，所定义的数据源视图将显示在"解决方案资源管理器"的"数据源视图"文件夹中，数据源视图的内容还将显示在 Business Intelligence Development Studio 的数据源视图设计器中，如图 11-19 所示。

图 11-19　数据源视图设计器

此设计器包含以下元素：

● "关系图"窗格，其中将以图形方式显示各个表及其相互关系。

● "表"窗格，其中将以树的形式显示各个表及其架构元素。

● "关系图组织程序"窗格，可在其中创建子关系图，用于查看数据源视图的子集。

● 一个特定于数据源视图设计器的工具栏。

现在，即可在"关系图"窗格中查看所有表及其相互关系了。若要查看某种关系的详细信息，可双击"关系图"窗格中的关系箭头。

11.4　SQL Server 2008 Integration Services

在 SQL Server 的早期版本中，数据转换服务（Data Transformation Services ，DTS）是微软最重要的一个 ETL 工具。尽管 DTS 是一个十分有用的工具，但 DTS 在可伸缩性方面以及部署包的灵活性方面存在一些局限性。SQL Server 2008 Integration Services（简称 SSIS）正是在此基础上设计的一个全新的系统。和 DTS 相似，SSIS 包含图形化工具和可编程对象，这使得用户能很好地使用它。无论如何，SSIS 采用了全新的处理技术，它把程序包的控制流和数据流放到了不同的组件中，这能帮助用户创建更复杂、更强壮的程序包。

新的 SSIS 体系结构主要由两部分组成：一个是数据转换运行时引擎（Data Transformation Run-time engine），用来处理程序包中的控制流；另外一个是数据流引擎（Data Flow engine）或者称数据传输管道引擎（Data Transformation Pipeline engine），用来管理从多个数据源过来的数据流，通过转换操作，把数据送达目标系统。

SSIS 设计器是一个图形化的工具集，允许用户在接口中创建和管理 SSIS 程序包，并支持微软传统的拖放操作，以简化操作复杂性，并且微软还提供了一个用来指导用户导入数据或者创建 SSIS 程序包的图形化工具，同时也提供了命令行工具用来创建和管理程序包。

SSIS 的核心组件是程序包。SSIS 程序包是部署和执行的基本单元。用户可以使用 SSIS 提供的图形化工具来创建程序包，也可以使用程序代码来创建。程序包是由一个集合构成的，集合中包含了控制流、数据流、连接、变量和事件处理等元素。用户可以配置程序包的属性，以形成事务或者实现安全性，这些可配置的对象也都包含在程序包内。

在创建程序包的时候，涉及程序包的三个元素，即：控制流、数据流以及在程序包内连接不同任务时需要遵守的优先约束。

程序包的控制流定义了程序包在运行的时候能够执行的活动。SSIS 提供了三种类型的控制流对象，即容器、任务和优先约束。

（1）容器能将程序包更好的结构化。它们将包内的任务和其他容器分成更有意义、更有逻辑的工作单元。

（2）任务则执行程序包内的各种函数。SSIS 程序包包含控制流任务和数据流任务。控制流任务执行各种各样的工作流活动。例如，Execute SQL 任务实现在目标数据库平台上执行 SQL 语句；File System 任务能够读/写服务器上的文件；File Transfer Protocol 任务能使用 FTP 协议将文件传输到远程系统上；Send Mail 任务使用 SMTP 协议来发送邮件。程序包中的数据流任务实现在不同的数据源之间迁移数据。使用数据流任务，用户可以直接把 Excel、文件、SQL Server 和 OLE DB 等定义成数据源或者迁移数据的目标对象。

（3）优先约束（Precedence constraints）是把程序包中的各种内容连接成一个流，并指定执行程序包中各内容的条件。系统提供三种默认的优先约束让用户控制程序包的执行，包括任务成功、失败或者在完成的情况下，控制流执行的约束。

程序包的数据流使用数据传输管道引擎管理数据流以及数据源适配器和目标数据适配器之间的数据转换。其中主要包含三种类型的数据流元素：数据源适配器、数据转换和目标数据适配器。数据源适配器从文件、表或者视图等数据源提取数据；数据转换实现修改或者提炼数据；目标数据适配器实现将数据加载到目标数据的存储中。

SSIS 开发和管理可以在 SQL Server BusinessIntelligence DevelopmentStudio 工具中完成，在这个工具中用户能够在图形化的环境下完成数据转换解决方案的设计、构建、调试和管理。当然，SSIS 也提供了命令行工具，通过这些命令行工具，用户依然可以执行和管理 SSIS 程序包。

1. SSIS 设计器

SSIS 设计器是一套图形化的工具集，允许用户创建、执行和调试 SSIS 程序包。它能够在 Business Intelligence Development Studio 中使用。

【例 11-9】 启动 SSIS 设计器。

实施步骤如下：

（1）单击"开始"→"所有程序"→"Microsoft SQL Server 2008 R2"→"Business Intelligence Development Studio"命令，启动商业智能开发环境。

（2）单击菜单"文件"→"新建"→"项目"命令，会弹出"新建项目"对话框。

（3）在对话框的"项目类型"列表中选择"商业智能项目"选项，在"模板"列表中选择"Integration Services 项目"选项，在"名称"框中输入"Integration Services 项目 1"。

（4）单击"确定"按钮后，即可打开 SSIS 设计器，如图 11-20 所示。

图 11-20　SSIS 设计器

SSIS 设计器提供了一个功能强大、支持拖放操作的开发环境，用户能使用它来创建健壮的、复杂的数据转换解决方案，解决方案中可以包含连接到不同数据源的多个数据库连接、数据转换、复杂的工作流以及事件驱动逻辑等。

当用 Business Intelligence Development Studio 工具创建了新的 SSIS 解决方案时，系统会自动的创建一个空程序包并把它添加到项目中。SSIS 的设计器使用单独的窗口为程序包创建控制流、数据流和事件处理。SSIS 设计器使用户能够添加诸如日志、管理事务回滚、变量映射、实现程序包中用来重启的检查点、为调试设置断点等功能。SSIS 设计器还包含一个 Package Explorer 页，用来分等级显示组成程序包的各个元素。

2．导入/导出向导

【例 11-10】 启动 SSIS 的导入/导出向导的方式。

实施步骤如下：

（1）在商业智能开发环境中，打开"解决方案资源管理器"窗口，用鼠标右键单击"SSIS 包"节点，选择"SSIS 导入/导出向导"命令。

（2）在 SQL Server Management Studio 中，依次展开"SQL Server"→"数据库"节点，鼠标右键单击指定的数据库（如"XSCJ"），选择"导入"或"导出"命令。

（3）在命令窗口中直接运行 DTSWizard.exe 程序。DTSWizard.exe 是一个命令行应用程序，它能直接启动导入/导出向导。

导入/导出向导能够交互式地引导用户完成从各种数据源复制数据的整个过程。可用的数据源包括 Microsoft Access 文件、SQL Server、Microsoft Excel 文件和其他 OLE DB 提供程序。可以将程序包以 DTSX 文件的形式存储到文件系统中，可以在 SSIS 设计器中打开并修改它，也可以在其中添加更加复杂的任务和工作流等。

3．配置向导

配置向导能够让用户创建在运行时动态变化的变量或对象属性选项，能让程序包具有更好的可伸缩性，把用户的程序包从开发环境迁移到最终产品环境也会变得更加容易。例如，通过程序包配置项，可以将系统名称和登录信息作为参数传递给正在运行的程序包，这样就能实现支持多个服务器的功能。配置向导只能通过 SSIS 设计器启动。

【例 11-11】 启动配置向导。

实施步骤如下：

（1）在商业智能开发环境中，单击"SSIS"菜单中的"包配置"。

（2）选择"激活程序包配置"命令。

（3）选择"添加"选项即可启动配置向导。

4．部署 SSIS 程序包

可使用以下任何一种方法部署 SSIS 程序包：

（1）使用 Business Intelligence Development Studio 开发工具创建部署应用程序。

（2）使用 SQL Server 管理工具的导入/导出程序包特性。

（3）在文件系统中保存一个程序包的拷贝。

（4）运行 dtutil 命令行应用程序。

5．管理 SSIS 服务

可以使用 SQL Server 管理工具监控 SSIS 程序包的执行。SQL Server 管理工具包括一个新的 SSIS 服务节点，在这个服务节点中罗列了被保存的和正在运行的 SSIS 程序包。只有当 SSIS 服务启动后 SSIS 管理节点才会显示出来。

【例 11-12】 手动启动 SSIS 服务。

实施步骤如下：

（1）单击"开始"→"程序"→"Microsoft SQL Server 2008 R2"，展开"配置管理"节点，单击"SQL Server 配置管理器"。

（2）单击"SQL Server 服务"节点。

（3）在右窗格中，用鼠标右键单击"SQL Server Integration Services"，选择"启动"命令，将启动 SSIS 服务。

如果需要 SSIS 服务总是保持运行状态，可以把它的启动类型设置为自动。这样，无论服务器在什么时候启动，SSIS 服务都会自动启动。

11.5　SQL Server 2008 代理服务

SQL Server 代理是一个 Windows 的后台服务，可以执行安排的管理任务，这个管理任务又叫做"作业"。每个作业包含了一个或多个作业步骤，每个步骤都可以完成一个任务。SQL Server 代理可以在指定的时间或在特定的事件条件下执行作业里的步骤，并记录作业的完成情况，一旦执行作业步骤出现错误，SQL Server 代理还可以设法通知管理员。SQL Server 代理可以完成的工作有以下四种工作：作业调度、执行作业、产生警报、通知管理员。

【例 11-13】　配置 SQL Server 2008 代理服务。

实施步骤如下：

（1）使用 Business Intelligence Development Studio 创建代理工程。

（2）在"对象资源管理器"里用鼠标右键单击"SQL Server 代理"，选择"属性"命令，将弹出如图 11-21 所示的对话框。

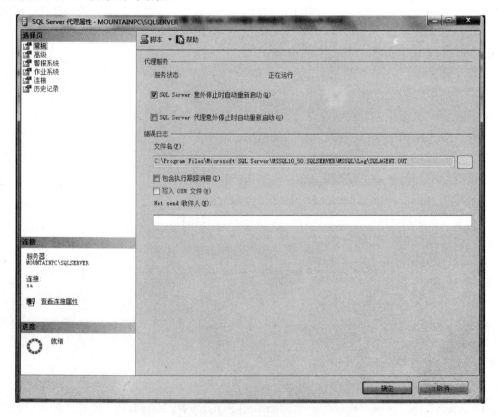

图 11-21　"SQL Server 代理属性"对话框

（3）在该对话框中，可以进行以下设置：

1）在"常规"选项卡中，可以查看和修改 SQL Server 代理服务的常规属性。

2）在"高级"选项卡中，可以查看和修改 SQL Server 代理服务的高级属性。

3）在"警报系统"选项卡中，可以查看和修改 SQL Server 代理警报所发送的消息的设置。

4）在"作业系统"选项卡中，可以查看和修改 SQL Server 代理服务管理作业的方式。SQL Server 2005 支持多个代理，只有在管理 SQL Server 2005 之前的 SQL Server 代理版本时"作业步骤代理账户"区域才能使用。

5）在"连接"选项卡中，可以查看和修改 SQL Server 代理服务与 SQL Server 之间的连接设置。

6）在"历史记录"选项卡中，可以查看和修改用于管理 Microsoft SQL Server 代理服务历史记录日志的设置。

SQL Server 代理有一个很重要的功能，就是可以根据某些条件将警报通知给数据库管理人员。由于数据库管理员不会 24h 都呆在计算机旁边，所以 SQL Server 代理可以使用电子邮件、Net Sent 和寻呼方式来通知管理员，管理员收到通知后再来处理这些问题。

在 SQL Server 代理中的"操作员"实际上就是通知系统管理员的方式设置，只有设置好了通知系统管理员的方式后，在出现故障时，SQL Server 代理才知道如何通知系统管理员来解决问题。

【例 11-14】 创建操作员。

实施步骤如下：

（1）启动"SQL Server Management Studio"，在"对象资源管理器"中依次展开服务器→"数据库"→"SQL Server 代理"节点，然后定位到"操作员"节点。

（2）用鼠标右键单击"操作员"节点，选择"新建操作员"命令，弹出如图 11-22 所示的对话框。

（3）在该对话框的"姓名"文本框中，输入操作员的名称。如果没有勾选"已启用"复选框，则 SQL Server 代理不会向操作员发送消息。

（4）在"电子邮件名称"文本框中，输入管理员的电子邮件地址。

（5）在"Net Send 地址"文本框中，输入用于发送消息的计算机名称。

（6）在"寻呼电子邮件名称"文本框中，输入管理员的寻呼程序和电子邮件地址，使用这种通知方式必须要使用有传呼功能的软件支持。

（7）在"寻呼值班计划"区域中，设置寻呼程序处理活动状态的时间。在"工作日开始"的时间与"工作日结束"的时间之间，寻呼程序才会向管理员发送寻呼。

【例 11-15】 制定 SQL Server 2008 的定时作业。

实施步骤如下：

（1）启动"SQL Server Management Studio"，在"对象资源管理器"中依次展开服务器→"数据库"→"SQL Server 代理"节点，然后定位到"作业"节点。

（2）鼠标右键单击"作业"节点，选择"新建作业"命令，将弹出如图 11-23 所示的对话框。

（3）在"常规"选项卡中，输入作业名称，如"my Job"。

（4）在"步骤"选项卡中，单击"新建"按钮，会弹出"新建作业步骤"对话框。

图 11-22 "新建操作员"对话框

图 11-23 "新建作业"对话框

（5）在该对话框的"步骤名称"文本框中输入"步骤 1"；类型默认为"T-SQL 脚本"，

也可以选择 SSIS 包等；在"数据库"框中选择要作业处理的数据库；在"命令"的右边空白编辑栏输入要执行的 SQL 代码，或通过单击"打开"按钮，打开 SQL 脚本；单击"分析"按钮以确保脚本语法正确，然后单击"确定"按钮，返回图 11-23 所示的对话框。

（6）在"计划"选项卡中，单击"新建"按钮，会弹出"新建作业计划"对话框。

（7）在该对话框的"名称"文本框中输入"计划 1"；设置计划类型、频率、执行间隔等参数后，单击"确定"按钮，返回图 11-23 所示的对话框。

（8）单击"确定"按钮，完成定时作业的创建。

注意：要将服务设置为自动启动，否则在重启服务器后作业就不运行了。如果代理服务未运行，则执行 services.msc 命令，找到"SQL Server 代理"服务并双击，在"启动类型"中选择"自动"。

在 SQL Server 2008 中，对事件的自动响应称为"警报"。警报与通知往往是结合使用的。警报用于设置事件，什么样的事件才会发出警报，发出了警报之后要做些什么。通知是设置将警报发给谁、怎么发送和发送的内容是什么，注意二者之间的区别和联系。

【课后习题】

问答题

1．Business Intelligence Development Studio 的作用是什么？

2．详述 SQL Server 2008 Analyse Service 的主要功能。

3．简述报表服务的制作过程。

4．简述 SSIS 包的制作过程。

【课外实践】

任务 1：为学生及成绩信息制作一个报表，供用户查看。

任务 2：制作一个 SSIS 包，并在其他数据库服务器上运行。

任务 3：制作一个对学生成绩不及格的每日提醒服务。

第12章　SQL Server 2008 综合应用实例

📖【学习目标】
- 了解.NET 框架和 ASP.NET 的基本概念
- 掌握建立 ASP.NET 页面的简单方法
- 掌握通过 ADO.NET 调用 SQL Server 数据库的主要方法
- 完成在线银行交易数据库应用系统的设计

12.1 基于 Web 环境的数据库应用程序设计概述

12.1.1 Web 的工作原理

Internet 让世界各地的人能够通过其计算机相互交流。这种技术带来了许多全新的东西，其中包括电子邮件、即时信息传送和万维网。

最初的网站非常简单。在网络上，关于任何主题的 HTML 页面都有，并且这些页面总是有读者。早期的页面是静态的——访问者无法以任何方式与之交互。

Web 快速地演进，新的功能被加入，其中包括图像、表格和表单等。这最终使得访问者能够与网站交互，从而出现了来客登记簿和用户调查等应用。网站开发人员开始在站点中加入一些精巧的花样，如图像翻转和下拉式菜单等。

这实现了交互性，但仍然缺乏真正动态的内容。随后，服务器处理技术被推出，从而可以与数据库交互、对内容进行处理以及通过 Web 确定访问者的分布情况。

ASP.NET 是一种将各种 Web 元素组合在一起的服务器技术，给网站开发人员提供了比以前任何时候都更强大的技术支持。但在深入介绍 ASP.NET 之前，首先介绍一些动态处理技术的工作原理。

1．动态处理技术

Internet 使用的是客户/服务器模型。两台计算机协同工作，相互发送信息，以完成一项任务。最常见的情况是服务器（存储了信息的计算机）和客户（需要使用信息的计算机）之间的通信。

客户机向服务器发送请求，要求获得信息；然后服务器将信息发送给请求的客户机，以进行应答。这种方案被称为"请求/应答模型"，它是客户/服务器模型的有机组成部分。

Web 服务器是存储了关于 Web 站点信息（HMTL 页面、图像等）的计算机。客户是网站的访问者（具体地说，是访问者的 Web 浏览器）。图 12-1 说明了这一概念。

虽然这是一种非常神奇的通信和信息分发方式，但它非常简单，也是静态的。它不能提供动态信息，也不能进行动态处理。服务器只是静静地等待客户来请求信息，然后返回存储在其硬盘中的数据，而对发送的东西漠不关心。通常，静态 Web 请求可分为以下四步：

图 12-1　请求/应答模型

（1）客户（Web 浏览器）使用 Web 服务器的 URL（如 www.microsoft.com）找到它。

（2）客户请求一个页面（如 Index.htm）。

（3）服务器发送被请求的文档。

（4）客户接收并显示文档。

客户收到信息后，这一过程就结束了。服务器对客户机上发生的情况一无所知，因此服务器和客户机是两台独立的计算机，它们之间只是在请求/响应的过程中进行通信。一旦页面被递送出去，服务器便对所发生的情况毫不关心。

至于服务器处理技术，则有多种方式，包括通用网关接口（CGI）和微软的 ASP 等，后者现在被称为传统 ASP。在现在的方案中，服务器在发送信息前对其进行检查，它可以接受来自客户的订单。服务器可以返回动态数据，如来自数据库的数据、计算得到的结果以及客户请求的其他任何数据。修改后的工作流程如下：

（1）客户（Web 浏览器）使用 Web 服务器的 URL（如 www.microsoft.com）找到它。

（2）客户请求一个页面（如 Index.htm）。

（3）服务器检查被请求的文件，并对其中的代码进行处理。

（4）服务器将处理结果转换为 HTML（如果需要的话）并将请求的文档发送给客户。

（5）客户接收并显示文档。

即使在这种方案中，一旦客户收到页面，这一过程也就结束了。服务器对客户所做的操作一无所知，除非客户再次做出请求。

2．ASP.NET 的不同之处

在服务器和客户之间，存在另一种模型：事件驱动模型。服务器等待客户机发生事件，一旦该事件发生后，服务器就将采取行动，执行某些功能。

想象一下图书馆的情况。按照客户/服务器模型，读者向管理员询问信息，后者要么直接给读者提供答案要么给读者指明方向。在事件驱动模型中，图书管理员知道读者要做什么。如果读者要撰写一份报告，则需要获得关于数据库方面的信息，管理员将自动给读者提供合适的东西；如果读者口渴，管理员将给读者一杯水；如果读者摔倒，管理员将给读者包扎。

当然，Web 服务器无法知道用户在想什么，但能够对用户的行动做出响应。如果用户在网页上输入文本，则服务器将做出响应。如果用户单击图像，则服务器也将做出响应。对于创建应用程序而言，这种模型比使用请求/响应模型容易得多。ASP.NET 就是以这种方式工作的，它检测用户的操作，并做出响应。

ASP.NET 如何知道访问者计算机上发生的情况呢？服务器如何对客户机上发生的情况做出响应呢？ASP.NET 依赖更为聪明的客户端处理技术来仿真事件驱动模型。

3. 客户端处理技术

将一些客户能够理解的编程代码放置在 HTML 页面时，便会进行客户端处理。这些代码是浏览器能够执行的 HTML。例如，请看清单 12-1。

清单 12-1　可执行的 JavaScript 客户端代码

```
1 <html>
2 <head>
3   <script language="JavaScript">
4   <!--
5       alert("Hello World!");
6   -->
7   </script>
8 </head>
9 <body>
10    Welcome to my page!
11 </body>
12 </html>
```

当浏览器收到该页面时，将把它视为 HTML。标记<script>向客户指出了页面中包括命令的部分，这被称为脚本。

如果浏览器支持客户端脚本编程语言，它将知道第 5 行是命令它向用户显示一个消息框，其中包括"Hello World!"，如图 12-2 所示。

因此，现在可以在两个地方执行代码：服务器（所有的信息都将以 HTML 的方式返回给客户）和客户。这两个地方的代码截然不同，无法交互。表 12-1 列出了客户端代码和服务器端代码之间的区别。

图 12-2　客户端脚本编程语言执行结果

表 12-1　客户端代码和服务器端代码之间的区别

位　　置	描　　述
客户端	服务器根本不处理这种代码，那是客户的职责所在。这种代码被编写为脚本——命令客户执行某种操作的纯文本命令。通常用于实现动态客户效果，如图像翻转或显示消息框
服务器端	这种代码只在服务器上执行，在被发送到客户端之前，这种代码生成的任何内容和信息都必须转换为 HTML。这种代码也可以使用脚本语言编写，但 ASP.NET 使用编译后的语言（后面将更详细介绍）。这种代码用于处理内容并返回数据

4. ASP.NET 将客户机和服务器结合起来的方法

那么 ASP.NET 如何知道客户机上发生的情况呢？客户端的脚本无法与服务器端的代码交互，但 ASP.NET 机智地避开了这种问题。只有在请求期间，客户才能与服务器通信。

使用客户端脚本，ASP.NET 提供了关于客户端在请求期间发生的情况的信息。回到前面关于图书馆的例子，这里管理员看起来像是具有魔力似的，知道读者需要什么的原因在于它拥有一个"间谍网"，在监视着读者，虽然读者不知道。当读者有所行动时，"间谍"将飞快地将发生的情况告知图书管理员。这样，图书管理员便能确定应采取何种行动。

ASP.NET 的"间谍"是客户端脚本，每当客户端发生情况时，将执行客户脚本，并将信息发送给服务器，就像递交表单将把信息发送给服务器一样。浏览器只是一个对情况一无所知的同伙而已，它认为只是在完成自己分内的工作：显示 HTML。因此，客户端虽然不能与服务器端交互，但能够将消息转发给服务器。

因此，ASP.NET 将服务器和客户连接起来，这使得开发人员能够在网页中完成以前不可能完成的工作。开发人员不必将重点放在传递请求和应答，而可以将精力放在构建逻辑上。服务器可以立刻对用户事件做出响应，而不用等到表单提交后，同时，能够知道用户界面的结构，并预先对其进行处理。ASP.NET 确实使得开发人员的工作更为轻松。

12.1.2 .NET 框架

ASP.NET 中的“.NET”从何而来呢？它代表.NET 框架：微软公司用于创建应用程序的一组对象和蓝图（blueprint）。.NET 框架提供了 ASP.NET 的底层功能。

在.NET 框架下开发的所有应用程序（包括 ASP.NET 应用程序）都包含一些关键特性，用于确保其兼容性、安全性和稳定性。

1．运行阶段通用语言

运行阶段通用语言（Common Language Runtime，CLR）是一种管理代码执行情况的环境。换句话说，它运行并维护代码。

以前，创建应用程序时，使用编程语言（如 Visual Basic）编写一些代码，将其编译成计算机能够理解的格式（由 0 和 1 组成），然后执行它。由于不同的计算机（如 PC 和 Macintosh）使用不同的语言，所以当在其他类型的计算机上使用应用程序时，必须将其重新编译为新计算机使用的语言。在.NET 框架中，情况稍微有些不同。

有了.NET 框和 CLR 后，仍需要编写代码并对其进行编译。这里，将代码编译为一种叫做微软中间语言（Microsoft Intermediate Language，MSIL）的语言，而不是编译成某种计算机能够理解的语言。这种语言以简写方式表示所有代码。ASP.NET 页面也被编译为 MSIL。编译为 MSIL 时，应用程序将生成一些元数据（metadata），它们是关于应用程序的描述性信息，指出应用程序能做什么，归属于哪里等等。

除了 MSIL 和元数据外，人们还创建了一类新的编程语言 C#、Cobol、Perl 等。这些语言与已有的语言类似，但除了可以输出编译后的代码外，还可以输出 MSIL。

这样，当要运行程序时，CRL 将接管工作，进一步将代码编译成计算机的本机语言，这样，MSIL 便可以用于任何类型的计算机。CLR 懂得许多不同的计算机语言，并完成所有的编译工作。应用程序编译后，便可以在任何计算机上执行。图 12-3 说明了传统处理过程和.NET 框架之间的区别。

.NET 框架与 Java 平台有许多相似的地方。Java 代码也是由一种被称为 Java 虚拟机（JVM）的运行环境翻译和执行的。这使得开发人员只需编写并编译代码，任何跨平台的问题则由 Java 来处理。

CLR 使用元数据来确定如何运行应用程序，这使得安装程序非常容易。传统的方法要求将关于应用程序的信息存储在注册表（或一个应用程序信息的中央仓库）中。但是，每当应用程序被修改（移动了其目录、安装了新组件等）时，注册表将无效，应用程序将无法正常运行。使用元数据，根本不需要注册表，所有的应用程序信息都随应用程序文件一起存储，因此所做的任何修改都将自动生效。可以将安装新应用程序看作只是复制一些文件而已。

图 12-3　传统应用程序框架和.NET 框架

在 CLR 中运行的代码被称为管理代码（managed code）。这是因为 CLR 将管理代码地执行，开发人员无需手工联编，所以，CLR 具有一些优点（如资源管理）。在 CLR 之外运行的代码被称为不可管理的代码（unmanaged code）。

CLR 的功能并不止这些，它还提供了诸如错误处理、安全特性、版本的部署支持以及跨语言集成等服务。这意味着可以选择任何语言来编写.NET 应用程序，包括 ASP.NET 应用程序。

2．.NET 框架类

.NET 框架中有描述编程对象的蓝图。.NET 框架中的任何东西，包括 ASP.NET 页面、消息框等都被视为对象。这些对象被放置在叫做名称空间（namespaces）的逻辑分组中。例如，所有处理数据库的对象都位于名称空间 System.Data 中，所有的 XML 对象都位于名称空间 System.Xml 中，等等。以这种方式对对象进行分组，对构建对象库很有帮助。创建 ASP.NET 应用程序时，将使用名称空间。

这与 Java 也有些类似，.NET 的名称空间与 Java 中的包（Package）类似。

12.1.3　安装 ASP.NET

要运行 ASP.NET 页面，需要在计算机上安装两种软件：Internet 信息服务器和.NET 框架软件开发工具包（SDK）。这些软件可运行在 Windows XP 专业版及后续版本上。

不安装这些软件，计算机将不知道如何处理 ASP.NET 文件。它将把这种文件看做是无法识别的文件，并询问您应使用哪种应用程序来打开它们，如图 12-4 所示。

ASP.NET 是一种服务器端技术，这意味着需要在计算机上安装 Web 服务器。一旦您安装并运行 Web 服务器后，访问者便可以通过 Internet 向您的计算机请求网页。

然而，ASP.NET 页面还有一些其他的工作需要处理，因为 Web 服务器无法理解它们。另外，您还需要 ASP.NET 框架

图 12-4　打开方式

SDK，它提供运行 ASP.NET 页面的功能，并提供.NET 对象和类。

首先介绍如何安装 Web 服务器，然后再讨论.NET SDK。

1．安装 Internet 信息服务器

Internet 信息服务器（IIS）是微软公司的专业 Web 服务器，Windows XP 捆绑了该服务器，而对于 Windows NT Server ，则可以从 http://www.microsoft.com/msdownload/ntoptionpack/askwiz.asp 免费下载 NT Option Pack ，这样便可以使用 IIS 4.0 了。如果运行的是 Windows XP，则其中已经自带了 IIS 5.1。

要安装 IIS 5.1，请执行"开始/设置/控制面板/添加或删除应用程序"，然后选择"添加/删除 Windows 组件"，出现如图 12-5 所示的窗口，添加可选的 Windows 组件。

选中复选框"Internet 信息服务（IIS）"，然后单击"下一步"按钮，或者单击"详细信息"按钮，以选择 IIS 中的各个组件，如 FTP 或 SMTP 服务。这里使用默认选项就可以了，但全部安装它们也不会有什么害处。单击"下一步"按钮后，Windows XP 将收集一些信息并开始安装。

现在已经在计算机上安装了一个 Web 服务器。打开浏览器，并输入 http://localhost，出现的页面是 IIS 创建的默认页面。也可以通过输入 http://computername 来访问指定的服务器，其中 computername 是计算机的名称。如果不知道计算机的名称，则使用 localhost 即可。

现在进入 Internet 服务管理器（Internet Services Manager，ISM），以配置 IIS 的设置。选择"开始/设置/控制面板/管理工具/Internet 服务器"，打开如图 12-6 所示的应用程序。

图 12-5　安装和删除 Windows 组件　　　　　图 12-6　Internet 信息服务

该应用程序显示 Web 站点以及 FTP 和 SMTP 站点（如果安装了它们的话）的目录结构。展开"默认 Web 站点"，将可以看到其中的一些目录和文件。在"默认 Web 站点"上单击鼠标右键，并选择"属性"，打开"默认 Web 站点属性"对话框。

该对话框有许多选项可以设置，可能需要花费大量的时间。就目前而言，主要关心选项卡"主目录"。请注意该对话框中的文本框"本地路径"，如图 12-7 所示。默认值为 c:\inetpub\wwwroot（也叫根文件夹）。当访问者访问这个 Web 站点时，它看到的将是该文件夹中的内容。因此，如果访问者连接到 www.yoursite.com，则它实际看到的将是文件夹 c:\inetpub\wwwroot 中的所有内容。

图 12-7 查看默认 Web 站点的"主目录"属性

事实上,进入"我的电脑",并切换到 C 盘,将看到该文件夹(如果以前没有的话)。所有的 ASP.NET 文件都将放置在这里。

单击"取消"按钮,返回到 ISM。其中的所有目录都被称为虚拟目录(Virtual directories)。虚拟目录是计算机上的一个文件夹,可以通过 Web 站点访问,就像它位于 c:\inetpub\wwwroot 下面一样。

要创建虚拟目录,请用鼠标右键单击"默认 Web 站点",然后选择"新建/虚拟目录",打开如图 12-8 所示的向导。单击"下一步",并输入一个别名,这将是访问者访问该文件夹时使用的名称。输入别名后,单击"下一步"按钮,然后在接下来的一个对话框中,选择计算机上的一个目录,这可以是计算机上任何地方的任何一个目录。接下来的一个对话框有一些选项,但就目前而言,只需要单击"下一步"按钮,然后单击"完成"按钮即可。

图 12-8 创建虚拟目录

现在,应该可以在 ISM 中看到一个条目,其别名与刚才输入的相同。假设输入的别名是 images,则可在 Web 浏览中输入 http://localhost/images,来查看该目录的内容。

在大多数情况下,虚拟目录都将放置在根文件夹(c:\inetput\wwwroot)下。而实际的目录可以位于计算机的任何地方，但访问者访问它时，就像它位于根文件夹中一样。虚拟目录对 ASP.NET 而言至关重要。

2. 安装.NET 框架 SDK

.NET 框架 SDK 包含使得 ASP.NET 页面能够运行的工具和应用程序，其中包括本章前面的 ".NET 框架" 一节中介绍的 CLR。SDK 可以从 www.microsoft.com/NET 免费下载。拥有 SDK 的拷贝后，便可以运行安装程序。这可能需要一段时间，因为 Windows 将对 SDK 进行解压缩并收集信息。图 12-9 为 Windows 解压 SDK 的窗口。

图 12-10 为 Windows 解压完成后收集信息的窗口。

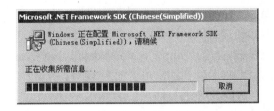

图 12-9　解压 SDK　　　　　　　　　图 12-10　.NET 框架 SDK 安装屏幕

在进行完所有配置后，连续单击 "下一步" 按钮，完成接受版本使用协议，选择要安装的组件，选择安装目录，最后安装.NET 框架 SDK。安装好后，桌面上将出现一个打开.NET Framework SDK Overview 的快捷方式，以查看更多关于 SDK 的信息。

系统将在 c:\inetpub\wwwroot 文件夹中创建一个叫 Mypage.aspx 的文档（.aspx 意味着这是一个 ASP.NET 文件，更详细的信息，请参考下一节）。双击该文件，将出现如图 12-4 所示的窗口，原因何在呢？

ASP.NET 是一种服务器技术，这意味着它需要通过 Web 服务器才能运行，因此 ASP.NET 文件必须通过服务器（如 IIS）才能运行。打开浏览器，并输入 http://localhost/Mypage.aspx，将可以看到该空白的 ASP.NET 页面。

在浏览器中，单击 "文件" 菜单，并选择 "打开" 选项，然后选择 ASP.NET 文件，同样不能打开这种页面。因为这是试图在浏览器中打开的文件，而不是通过 Web 服务器来打开。必须使用 http://localhost，通过服务器来打开页面。至此，已为运行 ASP.NET 页面做好了准备。

12.1.4　创建 ASP.NET 页面

和 HTML 文件一样，ASP.NET 页面也是纯文本的。安装并运行 Web 服务器和.NET SDK 后，便可以在任何编辑器中轻松地创建 ASP.NET 页面。

ASP.NET 页面的扩展名为.aspx，因此希望服务器将其作为 ASP.NET 页面解释的任何文件，这些文件都必须以.aspx 结尾，如 default.aspx。首先创建一个简单的文件。打开记事本（或其他编辑器），并输入清单 12-2 中代码（先不要考虑其含义，接下来将解释它们）。

清单 12-2　第一个 ASP.NET 页面

```
1 <%@ Page Language="VB" %>
2
```

```
3 <script runat="server">
4    sub Page_Load(obj as object, e as eventargs)
5        lblMessage.Text ="Welcome to ASP.NET! "
6    end
7 </script>
8
9 <html><body>
10    <asp:Label id="lblMessage" runat="server"/>
11 </body></html>
```

在文件夹 c:\inetpub\wwwroot 中新建一个目录 day，并将该文件保存到该目录中，文件名为 listing112.aspx。该页面只是显示欢迎信息。打开 Web 浏览器，并使用 http://localhost/day/listing112.aspx 来访问该文件。看到的窗口将如图 12-11 所示。

图 12-11　ASP.NET 欢迎页面

Web 浏览器只能理解 HTML 代码，在窗口中单击鼠标右键，并选择"查看源文件"，将看到如清单 12-3 所示的代码。

清单 12-3　ASP.NET 页面中的 HTML 代码

```
1 <html><body>
2    <span: id="lblMessage">Welcome to ASP.NET!</span>
3 </body></html>
```

listing112.aspx 中的其他代码（见清单 12-2）到哪里去了呢？ASP.NET 将 listing112.apx 中的代码编译为 MSIL，然后被 CLR 编译为机器语言，并执行，执行结果如清单 12-3 所示。ASP.NET 将所有的输出转换为 HTML，因为浏览器只懂 HTML 语言。

1．ASP.NET 的开发工具

（1）记事本。对于创建 ASP.NET 页面而言，它并不是一种理想的应用程序。它简单，易于使用，但没有提供可简化 ASP.NET 开发工作的特性。

（2）Microsoft Visual Studio 2005。它是使用.NET 框架进行应用程序开发的最好工具，使用 Microsoft Visual Studio 2005 能够快速构建 ASP.NET 应用程序，并为 ASP.NET 应用程序提供所需要的类库、控件和智能提示支持。

（3）Microsoft Visual InterDev。它让用户能够管理整个 Web 站点，并提供了诸如创建和删除虚拟目录、使用数据库以及拖放 HTML 组件的特性。它甚至能够以不同的颜色显示 ASP.NET 代码，使之易于阅读。旧版本的 Visual InterDev（6.0 和以前的版本）也可用，但它们不支持.NET 框架，因此有些特性无法正确运行。例如，旧版本的 Visual InterDev 不会以不同的颜色显示 ASP.NET 代码。

（4）Microsoft FrontPage。这是一种可视化工具，不用编写 HTML 代码，便可以创建网页。但它不能编写 ASP.NET 代码，因此必须手工编写。

就本章创建的网页而言，使用记事本便可完成，因此选择什么样的开发环境，完全取决于开发者自己。Microsoft Visual Studio 2005、Visual InterDev 和 FrontPage 的一些特性也许很有用，但它们没有记事本简单易用。也有一些非微软公司的编辑器可以使用，如 HotMetal。

但其中的许多编辑器还不支持.NETK 框架，因此可能不如微软公司的编辑器那样好用。关于 Microsoft Visual Studio 2005 等开发工具的安装与使用请参阅相关书籍。

2．ASP.NET 页面中的元素

一个典型的 ASP.NET 页面，如清单 12-4 所示。该页面向用户显示一条消息和一个表单，让用户输入其姓名。当用户单击"Submit"按钮后，将看到一条定制的欢迎消息。

清单 12-4　与用户交互

```
1< %@Page Language="VB" %>
2
3 <script runat="server">
4        Sub tbMessage_Change (Sender As Object, E As EventArgs)
5           lblMessage.Text ="Hello"+tbMessage.Text
6        End Sub
7 </script>
8
9 <html><body>
10 <font size="5">This is example of asp.net</font><hr><p>
11
12     <%Response.Write ("Our First Page<p>") %>
13
14     <form runat ="server">
15         Please enter your name:
16         <asp:textbox id ="tbMessage"
17           OnTextChanged ="tbMessage_Change"
18           runat =server/>
19         <asp:button id ="btsubmit" Text ="submit"
20           runat =server/><p>
21         <asp:label id ="lblMessage" font-size="20pt"
22           runat =server/>
23     </form>
24 </body></html>
```

将该页面保存到目录 c:\inetpub\wwwroot\day 中，文件名为 listing114.aspx。在浏览器中输入 http://localhost/day/listing114.aspx 以查看该文件。在文本框中输入姓名，并单击"Submit"按钮，将看到一条问好的消息，如图 12-12 所示。

该页面包含了 ASP.NET 页面中最常见的元素。第 1 行中的编译指令<%@ Page %>为 ASP.NET 页面提供了编译时使用的特定信息。在这个例子中，是告诉 ASP.NET 将使用 Visual Basic 来编写代码。

第 3～7 行包含一个名叫代码声明块（code declaration block）的代码块，这与本章前面的"客户端处理"一节中介绍的客户端代码类似，但其中有一个新标记 runat="server"。这表示 ASP.NET 在服务器端处理代码声明块中的代码。这些代码也会被编译为 MSIL。

在 HTML 中，<script>块通常被放置在标记<head>和</head>之间。但 ASP.NET 的代码声明块可以放置在任何位置，将其放置在最前面可以将 ASP.NET 代码和 HTML 代码分开。

从第 9 行开始是 HTML 代码。这是要发送给浏览器的内容（和 ASP.NET 代码的输出一

起）。第 12 行以<%开始，这被称为代码交付块（code render block），其中包含 ASP.NET 用来生成输出的其他指令。在这个例子中，是告诉 ASP.NET 将 "Our First Page" 写到浏览器中。代码交付块不会编译，因此效率没有代码声明块高。在本章中，将尽可能少用。

在第 14 行，包括另一个传统的 form 元素，接着是 runat= "server"。指定该标记后，表单将是一个 Web 表单（Web form）。通过 ASP.NET，可以监视 Web 表单中的任何东西（如前述关于图书管理员和间谍的比喻）。

在第 16、19 和 21 行，包括一些与 HTML 元素类似的新元素。它们被称为 Web 控件，其功能与 HTML 元素类似，但具备一些只有 ASP.NET 才能使用的其他功能。每一个元素中都包含 runat= "server" 行。

图 12-12　一个显示个性化欢迎消息的简单 ASP.NET 页面

关于 ASP.NET 的深入学习，请参阅相关书籍。

12.1.5　在 ASP.NET 中实现数据库访问

通常，在 ASP.NET Web 页面中通过 ADO.NET 存取数据库，要实现 ADO.NET 访问数据库一般分为四步：

（1）建立数据库连接。

（2）打开数据库连接。

（3）使用需要的数据填充 DataSet。

（4）建立 DataView 以显示数据。

要在 ASP.NET 页面中使用 ADO.NET 与数据库通信，必须提供关于要访问的数据库的特定信息。这些重要的信息包括数据库的位置、数据库的类型（如 MS Access、SQL Server 或 Oracle）等。这些信息可通过两种方式提供给 ADO.NET。

（1）建立数据源 DSN，将数据库的位置、类型和版本等特定信息封装在 DSN 中。如果建立了名为 "Bankingdsn" 的数据源，则在 ASP.NET 页面中与数据库交互时可以使用下面的连接字符串：

　　　"DSN=Bankingdsn"

（2）如果不想创建 DSN，则可以使用 DSN-Less 连接，这需要在连接字符串中指定所有必需的信息。如连接 ACCESS 数据库，连接字符串如下：

　　　"Provider=Microsoft.Jet.OLEDB.4.0;
　　　Data Source=D:\Data\Banking.mdb"

对 SQL 数据库而言，连接字符串如下：

　　　"Provider=SQLOLEDB.1;

```
Initial Catalog=Banking;
Data Source = MyServer; User ID=sa;"
```

该字符串告诉 ADO.NET，应使用哪个提供程序以及数据库的位置。另外，还可以根据需要指定其他参数，如 UID 和 PWD，它们分别是连接数据库时使用的用户名和密码。这里指定的连接字符串是最普通的，还没有涉及其他内容。

除美观方面的考虑（连接字符串更短，代码更美观）外，使用 DSN 还有很多原因。其中最主要的原因是，如果使用 DSN–Less 连接，则每次连接到数据库时，都必须验证连接信息。而使用 DSN，只在创建 DSN 时验证一次连接信息，从而可以大大提高性能。

在 ASP.NET 页面中存取数据，可看作排队吃自助餐。建立和打开数据库连接相当于找到并走向餐台。DataSet 相当于盘子，用来盛放各种食品（数据），你可以挑选自己喜欢的食品，可将土豆放在食品盘的一端，盘的另一端放大块肉等等。在 ASP.NET 中可使用 SQL SELECT 语句从数据库表中返回一个记录集，DataSet 可用来保存这些结果。

以自助餐方式划分数据时，使用的是 DataView。DataView 提供了一个数据视图，可以显示给用户。

数据绑定更复杂一些，但可以将其看作在盘中的食品和自助餐柜中的食品之间建立的一种神奇的联系，你在盘中添加一些番茄酱时，自助餐柜中也多了一些番茄酱。

12.2　基于 ASP.NET 环境的在线银行交易系统的设计

本系统将模拟一个简单的在钱银行交易过程，将综合运用 SQL Server 和 ASP.NET 的有关知识，前台使用.NET 框架中 ASP.NET 提供的脚本语言和界面设计的丰富功能，后台使用 SQL Server 数据库系统。掌握本节的内容，对理解目前流行的数据库应用软件的设计方法具有重要的指导意义。

12.2.1　需求分析

在线银行业务系统应具备下述功能：
1）让用户可以安全地访问其账户；
2）允许用户查看其交易记录和账户余额；
3）允许用户在线支付账单。

这些内容描述了应用程序的范围，即要求它能够做什么。预先对目标进行规划有助于创建应用程序。

12.2.2　数据库设计

1. E–R 概念模型设计
根据系统功能，在线银行交易系统的 E–R 概念模型设计如图 12-13 所示。

2. 关系数据模型设计
根据系统 E–R 概念模型，在 SQL Server 中建立 Banking 数据库，并设计以下表：
（1）用户表 Tblusers，用于记录用户基本信息，其结构见表 12-2。

图 12-13 在线银行交易系统的 E-R 图

表 12-2 Tblusers

名　　称	字　　段	类　　型	长　度	备　　注
姓名	Name	varchar	8	
城市	City	varchar	10	
电话	Phone number	varchar	20	
地址	Address	varchar	50	
邮政编码	Zip code	varchar	6	
用户名	Username	varchar	20	不能为空，unique 约束
密码	Password	varchar	6	
用户 ID	UserID	int	4	主键，自动识别，递增 1

（2）交易表 Tbltransactions，用于记录用户交易，其结构见表 12-3。

表 12-3 Tbltransactions

名　　称	字　　段	类　　型	长　度	备　　注
交易号	TransactionID	int	4	主键，自动识别，递增 1
交易日期	Dateposted	Datetime	8	
交易量	Amount	money	8	
收款人	Payee	varchar	40	
账号	CheckNumber	int	4	可选，用来存储账号
用户 ID	UserID	int	4	将交易表和用户表关联

（3）账户表 Tblaccounts，用于记录账户信息（即结余），其结构见表 12-4。

表 12-4　Tblaccounts

名　称	字　段	类　型	长　度	备　注
账号	AccountID	int	4	主键，自动识别，递增 1
账户余额	Balance	money	8	
用户 ID	UserID	int	4	将账户表和用户表关联

其中 Tbltransactions 表、Tblaccounts 表与 Tblusers 表通过 UseID 字段建立关联，并建立以下存储过程：

（1）返回账户结余 spRetreiveBalance。

    SELECT Balance FROM Tblaccounts WHERE
    UserID=@UserID

（2）将交易插入到数据库中 spInsertTransaction。

    INSERT INTO
    TblTransacions(Dateposted,Amount,Payee,UserID)
    VALUES(@Date,@Amount,@Payee,@UserID)

（3）验证用户 spValidateUser。

    SELECT UserID FROM TblUsers
    WHERE UserName=@UserName
    AND Password=@Password

（4）更新结余 spUpdateBalance。

    UPDATE TblAccount SET Balance=@NewBalance
    WHERE UserID=@UserID

（5）收集交易 spGetTransactions。

    SELECT TransactionID,
    DatePosted,Amount,Payee,CheckNumber,UserID
    FORM TblTransactions
    WHERE UserID=@UserID

12.2.3　ASP.NET 页面设计

首先，用户需要一个登录页面，该页面对用户进行认证并将它带到其账户。其次，需要创建一个账户摘要页面，能动态列出交易记录和结余。最后，需要创建一个让用户在线支付账单的页面，用户能够输入新的交易，当用户输入交易时，检查该用户是否有足够的资金，如果资金足够，则从其结余中扣除交易额，然后将新交易插入交易表。为了给用户提供标准的 WEB 界面，需要以用户控件的方式在每个页面中使用页眉和导航栏。因此本系统应设计以下页面：

① 登录页面：login.aspx；

② 账户摘要页面：account.aspx；

③ 支付账单页面：bills.aspx；

④ 两个用户控件：header.ascx 和 nav.ascx。

为了使本系统的设计更便于修改和更具有通用性，系统中所有涉及数据库的操作都将使用前面创建的存储过程来完成。图 12-14 说明了应用程序的总体结构。

图 12-14　在线银行交易系统结构图

下面给出了 bills.aspx 页面代码声明块中的代码，由于其他页面和界面部分的代码都比较简单，读者可自行编写，这里不再给出。

清单 12-5　bills.aspx

```
1   <%@ Page Language="Vb" %>
2   <%@ Register Tagprefix="ASPNETBank"
    TagName="header" src="header.ascx" %>
3   <%@ Register Tagprefix="ASPNETBank"
    TagName="Menu" src="nav.ascx" %>
4   <%@ Import Namespace="System.Data" %>
5   <%@ Import Namespace="System.Data.OleDb" %>
6
7   <script runat="server">
8
```

```
9    '**********************************************
10   '
11   'Bills.aspx: Allows user to pay bills online
12   '
13   '**********************************************
14   'declare connection object
15 dim Conn as new OleDbConnection("Provider=SQLOLEDB.1; &_
16   Initial Catalog=Banking; &_
17   Data Source=jsjxserver;User ID=sa; "
18
19   '**********************************************
20   'Event hander for submit button. Determines if amount
21   'is valid,and if so , calls necessary functions to
22   'update balance and add transaction
23   '**********************************************
24   sub PayBill(obj as object, e as eventargs)
25      dim decBalance as Decimal =GetBalance
26      dim decAmount as Decimal =tbAmount .Text
27
28      if decAmount < 0 then
29        lblMessage.Text = "<font color=red >The "&_
30           "transaction amount cannot be negative! "& _
31           "</font>"
32        exit sub
33      end if
34
35      if decAmount <= decBalance then
36        UpdateBalance (decBalance – decAmount)
37        AddTransaction(tbPayee.Text, decAmount)
38
39        LblMessage.Text = "<font color=red>Transaction"&_
40           "added.</font>"
41        tbAmount.Text = " "
42        tbPayee.Text = " "
43      else
44        lblMessage.Text ="<font color=red>You do not "&_
45           "have enough funds to complete this "&_
46           "transaction!</font>"
47      end if
48   end sub
49
50   '**********************************************
51   'This function returns the balance of the account with
52   'the specified user ID (stored in the cookie created
53   'by forms authentication)
54   '**********************************************
55   function GetBalance as Decimal
56      dim decBalance as decimal
```

```
57    dim objCmd as OleDbCommand = new OleDbCommand _
58        ("spRetrieveBalance",Conn)
59    objCmd.CommandType = CommandType.StoredProcedure
60    dim objReader as OleDbDataReader
61
62    'set parameters for stored procedure
63    dim objParam as OleDbParameter
64    objParam = objCmd.Parameters.Add("@UserID",_
65        OleDbType.BSTR)
66    objParam.Direction = ParameterDirection.Imput
67    objParam.Value = Request.Cookies("Account").Value
68
69    try
70        objCmd.Connection.Open()
71        decBalance = Ctype(objCmd.ExecuteScalar, Decimal)
72        objCmd.Connection.Close()
73    catch ex as OleDbException'
74        lblMessage.Text = ex.Message
75    end try
76
77        retrun decBalance
78    end function
79
80    '*********************************************
81    'Adds a transaction into the database, calling
82    'spInsertTransaction and spa\ecifying amount, payee ,and
83    'user id
84    '*********************************************
85    sub AddTransaction (strPayee as string, decAmount _
86        as Decimal)
87        dim objCmd as OleDbCommand = new OleDbCommand _
88            ("spInsertTransaction", Conn)
89        objCmd.CommandType = CommandType.StoredProcedure
90
91    'set parameters for stored procedure
92    dim objParam as OleDbParameter
93    objParam = objCmd.Parameters.Add("@Date", _
94        oleDbType.Date)
95    objParam.Direction = ParameterDirection.Input
96    objParam.Value = Datetime.Now
97
98    objParam = objCmd.Parameters.Add("@Amount", _
99        oleDbType.Decimal)
100   objParam.Direction = ParameterDirection.Input
101   objParam.Value = decAmount
102
103   objParam = objCmd.Parameters.Add("@Payee", _
104       Ole DbType.BSTR)
```

```
105    objParam.Direction = ParameterDirection.Input
106    objParam.Value = strPayee
107
108    objParam = objCmd.Parameters.Add("@UserID", _
109       OleDbType.BSTR)
110    objParam.Direction =ParameterDirection.Input
111    objParam.Value = Request.Cookies("Account").Value
112
113    try
114       objCmd.Connection.Open()
115       objCmd.ExecuteNonQuery
116    catch ex as OleDbException
117       lblMessage.Text = ex.Message
118     finally
119       objCmd.Connection.Close()
120     end try
121    end sub
122
123    '*********************************************
124    'Updates the account balance
125    'calls spUpdateBalance
126    '*********************************************
127    sub UpdateBalance (decNewAmount as Decimal)
128     dim objCmd as OleDbCommand = new OleDbCommand _
129        ("spUpdateBalance", Conn)
130     objCmd.CommandType = commandType.StoredProcedure
131
132    'set parameters for stored procedure
133    dim objParam as OleDbParameter
134    objParam = objCmd.Parameters.Add("@NewBalance", _
135       OleDbType.Decimal)
136    objParam.Direction = ParameterDirection.Input
137    objParam.Value = decNewAmount
138
139    objParam = objCmd.Parameters.Add("@UserID", _
140       OleDbType.BSTR)
141    objParam.Direction = ParameterDirection.Input
142    objParam.Value = Request.Cookies("Account").Value
143
144    try
145       objCmd.Connection.Open()
146       objCmd.ExecuteNonQuery
147    catch ex as OleDbException
148       lblMessage.Text = ex.Message
149     finally
150       objCmd.Connection.Close()
151     end try
152    end sub
153 </script>
```

【课后习题】

一、选择题

1. 下面关于 IIS 服务器的描述中正确的是（　　）。

    A．Windows 操作系统安装完成后，IIS 服务器就会自动安装好

    B．IIS 主目录是不能更改的，一旦更改项目就不能浏览

    C．在 IIS 服务器中必须开启匿名访问，否则不能使用 IP 地址浏览页面

    D．在 IIS 服务器中启用默认文档与不启用没有区别

2. 运行 ASP.NET 程序时，计算机必须安装（　　）。

    A．.NET Framework 和 IIS   B．VS.NET

    C．C#和 VB.NET   D．ASP.NET

3. .NET Framework 是一种（　　）。

    A．编程语言   B．程序运行平台

    C．操作系统   D．数据库管理系统

二、简答题

1. CRL、MSIL、Metadata 的含义是什么？
2. ASP.NET 如何使客户机和服务器协同工作？
3. 在 ASP.NET 页面中如何访问数据库？
4. 基于 ASP.NET 的数据库应用系统设计的步骤是什么？

【课外实践】

任务：完成在线银行交易系统相关页面的设计。

要求：

（1）安装 Internet 信息服务（IIS）。

（2）安装.NET Framework SDK V2.0。

（3）安装 ASP.NET 程序的开发环境，这里直接用记事本实现。

（4）设计在线银行交易系统登录页面 login.aspx 并调试运行。

（5）设计在线银行交易系统账户摘要页面 account.aspx 并调试运行。

（6）在线银行交易系统支付账单页面 bills.aspx 的调试运行。

（7）设计在线银行交易系统两个用户控件 header.ascx 和 nav.ascx 并调试运行。

（8）综合调试在线银行交易系统。

说明：也可安装 Microsoft Visual Studio 2005 集成开发环境来调试在线银行交易系统的各个页面。关于 ASP.NET 以及 Microsoft Visual Studio 2005 的深入学习可参考相关书籍。

参 考 文 献

[1] Robert Vieria. SQL Server 2008 编程入门经典[M]. 马煜，孙皓，译. 北京：清华大学出版社，2010.

[2] Willianm R Stanek. SQL Server 2008 管理员必备指南[M]. 贾洪峰，译. 北京：清华大学出版社，2009.

[3] 崔群法，等. SQL Server 2008 从入门到精通[M]. 北京：电子工业出版社，2009.

[4] 胡国胜，等. 数据库技术与应用——SQL Server 2008[M]. 北京：机械工业出版社，2010.

[5] 刘志成，等. ASP.NET 应用开发教程[M]. 北京：高等教育出版社，2011.

C 语言程序设计教程

书号：ISBN 978-7-111-41090-4

作者：葛素娟　　　　定价：39.00 元

推荐简言：本书是根据高职高专的培养目标，结合高职高专教学改革和课程改革的要求,本着"理实一体、教学做结合"的原则而编写的，具有很强的实用性和可操作性。本书免费提供电子教案和源代码。

Visual C#程序设计应用教程

书号：ISBN 978-7-111-31994-8

作者：郭力子　　　　定价：31.00 元

推荐简言：本书突出实际应用，注重能力培养。在内容的编排上，注意做到简明扼要、由浅入深、循序渐进，力求通俗易懂、简洁实用。立足于课堂教学和面向应用，书中配有数量丰富的案例、每一章配有实训练习题和习题。以便于读者掌握重点及提高程序设计动手能力。全面兼顾了知识介绍、编程能力培养和实践技能训练。

Java 语言程序设计

书号：ISBN 978-7-111-29567-9

作者：汪远征 等　　　定价：27.00 元

推荐简言：本书采用当今各大 IT 公司的主流 Java 开发工具——Eclipse 软件作为编程环境，采用 SWT 工具包作为图形界面（UI）开发工具，并且介绍了可视化编程插件 Visual Editor 的使用方法。本书以知识带案例的形式，将知识点分解成许多单元，通过大量实用、经典的编程实例来介绍 Java 语言。各章内容均包含知识、实例、实训，通过教师讲解实例，学生上机实训，达到快速掌握并应用所学知识的目的。本书免费提供电子教案。

Java Web 应用开发技术

书号：ISBN 978-7-111-33241-1

作者：任文娟 等　　　定价：28.00 元

推荐简言：本书是 Java Web 应用开发技术的基础教程，在内容章节的安排上由浅入深地介绍了 Web 应用开发技术的基本概念和 Java Web 开发环境的搭建及 Servlet、JSP、JavaBean、JDBC、MVC、Struts、Hibernate 等关键技术。书中列举的大量实例都具有较强的实用性，而且关键技术章节中列举的综合实力是读者非常熟悉的"网上书店系统"中的子模块。本书免费提供电子教案。

Windows Server 2008 操作系统应用教程

书号：ISBN 978-7-111-31052-5

作者：汪荣斌　　　　定价：32.00 元

推荐简言：本书的特点是详解了 Windows Server 2008 操作系统的基本知识，突出操作系统的应用与管理技能的内容，同时也为计算机类操作系统基础教育提供了一个知识平台。在内容编排上以实现具体操作任务的形式，详细介绍系统操作的实用知识。本书免费提供电子教案。

Linux 操作系统案例教程

书号：ISBN 978-7-111-29807-6

作者：彭英慧　　　　定价：29.00 元

推荐简言：本书以 Red Hat Linux 9 为例，对 Linux 进行全面详细的介绍。本书利用初学者的学习规律，对每个知识点以及实例的讲解都注重通俗易懂、步骤详细，并添加了相应的注释，每一个章节中都有案例，然后是对案例相关知识的讲解，中间穿插案例的分解。本书免费提供电子教案。